计算机基础与实训教材系列

潘鹏羽　魏文晶　于冬梅　编著

Photoshop 2022
图像处理实例教程（微课版）

清華大學出版社

北 京

内 容 简 介

本书由浅入深、循序渐进地介绍Photoshop 2022的操作方法和使用技巧。全书共分10章，分别介绍Photoshop 2022入门、图像文件的基础操作、选区的基本操作、矢量图形的应用、绘画和修饰工具的应用、通道与蒙版的应用、图层混合与图层样式、图像颜色调整、文字工具的应用、使用滤镜特效等内容。

本书内容丰富、结构清晰、语言简练、图文并茂，具有很强的实用性和可操作性，适合作为高等院校相关专业的教材，也可作为广大图像处理读者的自学参考书。

本书对应的电子课件、实例源文件和习题答案可以到http://www.tupwk.com.cn/edu网站下载，也可以通过扫描前言中的二维码下载，读者扫描前言中的教学视频二维码可以观看学习视频。

图书在版编目(CIP)数据

Photoshop 2022图像处理实例教程：微课版 / 潘鹏羽，魏文晶，于冬梅编著. 一北京：清华大学出版社，2024.3

计算机基础与实训教材系列

ISBN 978-7-302-65627-2

Ⅰ.①P… Ⅱ.①潘… ②魏… ③于… Ⅲ.①图像处理软件－教材 Ⅳ.①TP391.413

中国国家版本馆CIP数据核字(2024)第048038号

责任编辑：胡辰浩
封面设计：高娟妮
版式设计：妙思品位
责任校对：孔祥亮
责任印制：宋　林

出版发行：清华大学出版社

网　　　址：https://www.tup.com.cn，https://www.wqxuetang.com
地　　　址：北京清华大学学研大厦A座　　　邮　　编：100084
社 总 机：010-83470000　　　　　　　　邮　　购：010-62786544
投稿与读者服务：010-62776969，c-service@tup.tsinghua.edu.cn
质 量 反 馈：010-62772015，zhiliang@tup.tsinghua.edu.cn

印 装 者：三河市君旺印务有限公司

经　　销：全国新华书店

开　　本：190mm×260mm　　印　　张：19.25　　插　页：2　　字　数：456千字

版　　次：2024年4月第1版　　印　　次：2024年4月第1次印刷

定　　价：89.80元

产品编号：087465-01

本书是"计算机基础与实训教材系列"丛书中的一种。本书从教学实际需求出发，合理安排知识结构，由浅入深、循序渐进地讲解 Photoshop 2022 的基本知识和使用方法。全书共分 10 章，主要内容如下。

第 1 章介绍 Photoshop 2022 工作区的设置，以及图像文件的基本操作方法。

第 2、3 章介绍图像文件的常用操作方法，以及选区创建和编辑的方法与技巧。

第 4、5 章介绍各种路径和形状工具的使用，以及绘画与修饰工具的操作方法。

第 6、7 章介绍通道与蒙版的操作技巧，以及图层混合模式和图层样式的使用方法。

第 8 章介绍图像颜色调整的操作方法及技巧。

第 9 章介绍在图像文件中创建与编辑文本内容的操作方法。

第 10 章介绍 Photoshop 中主要滤镜的使用方法与技巧。

本书图文并茂、条理清晰、通俗易懂、内容丰富，在讲解每个知识点时都配有相应的实例，方便读者上机实践。同时，为了方便老师教学，我们免费提供本书对应的电子课件、实例源文件和习题答案下载。本书提供书中实例操作的二维码教学视频，读者使用手机扫描下方的二维码，即可观看本书对应的同步教学视频。

 本书配套素材和教学课件的下载地址如下。

http://www.tupwk.com.cn/edu

 本书同步教学视频和配套资源的二维码如下。

扫一扫，看视频　　　　　扫码推送配套资源到邮箱

本书由哈尔滨华德学院的潘鹏羽和魏文晶以及河北科技大学的于冬梅合作编写完成，其中潘鹏羽编写了第 1 ~ 4、6、10 章，魏文晶编写了第 5、7、8 章，于冬梅编写了第 9 章并制作了本书的电子课件。由于编者水平有限，本书难免有不足之处，欢迎广大读者批评指正。我们的邮箱是 992116@qq.com，电话是 010-62796045。

编　者
2023 年 12 月

推荐课时安排

章　名	重点掌握内容	教学课时 / 学时
第 1 章 Photoshop 2022 入门	Photoshop 2022 界面简介、软件界面的基本操作、图像文件的基本操作、查看图像的基本操作、图像文件的颜色设置、标尺和网格以及参考线的设置、操作的还原	4
第 2 章 图像文件的基础操作	调整图像的尺寸及方向、图层的基本操作、画板的应用、对象的变换与变形操作	5
第 3 章 选区的基本操作	创建选区工具的使用、【色彩范围】命令的使用、使用快速蒙版、【选择并遮住】工作区的应用、选区编辑操作、填充与描边的操作	3
第 4 章 矢量图形的应用	绘制路径和矢量图形、使用【钢笔】工具、路径的编辑操作、使用【路径】面板	3
第 5 章 绘画和修饰工具的应用	设置画笔、绘画工具的使用、修复工具组、修饰工具组	5
第 6 章 通道和蒙版的应用	Alpha 通道、通道运算、图层蒙版、矢量蒙版、剪贴蒙版	4
第 7 章 图层混合与图层样式	设置不透明度、设置图层混合模式、图层样式的应用	4
第 8 章 图像颜色调整	调整图像的影调、调整图像的色彩、使用调整图层调色	3
第 9 章 文字工具的应用	文字的输入、设置字符属性、设置段落属性、创建文字变形	3
第 10 章 使用滤镜特效	滤镜的使用、【滤镜库】的应用、【画笔描边】滤镜组、【素描】滤镜组、【艺术效果】滤镜组、Camera Raw 滤镜、【模糊】滤镜组、【扭曲】滤镜组、【锐化】滤镜组	5

注：1. 教学课时安排仅供参考，授课教师可根据情况进行调整。

2. 建议每章安排与教学课时相同时间的上机练习。

第1章
Photoshop 2022 入门

本章主要讲解 Photoshop 2022 基础知识，包括认识 Photoshop 工作区，在 Photoshop 中新建、打开、置入、存储文件等基本操作，在 Photoshop 中查看图像细节的方法，操作的撤销与还原方法等内容。

本章重点

- 熟悉 Photoshop 的工作界面
- 图像文件的基本操作
- 查看图像的基本操作
- 图像文件的颜色设置

二维码教学视频

1.1 Photoshop 2022 界面简介

Photoshop 主要处理以像素构成的数字图像。我们可以在 Photoshop 中随意绘画，随意插入图片、文字。Photoshop 在图像、图形、文字、视频、出版等各方面都有广泛应用。Photoshop 是设计师必备的一款图像处理软件。

成功安装 Photoshop 之后，在程序菜单中找到并单击 Adobe Photoshop 选项，或双击桌面的 Adobe Photoshop 快捷方式，即可启动 Photoshop。如果在 Photoshop 中进行过一些文档的操作，在主屏幕中会显示之前操作过的文档。

在 Photoshop 2022 中打开任意图像文件，即可显示如图 1-1 所示的【基本功能(默认)】工作区。该工作区由菜单栏、选项栏、标题栏、工具面板、状态栏、文档窗口以及多个面板组成。

图 1-1 【基本功能(默认)】工作区

1.1.1 菜单栏

菜单栏是 Photoshop 工作界面的重要组成部分。Photoshop 2022 按照功能分类，提供了如图 1-2 所示的【文件】【编辑】【图像】【图层】【文字】【选择】【滤镜】【3D】【视图】【增效工具】【窗口】和【帮助】12 个菜单。

Ps 文件(F) 编辑(E) 图像(I) 图层(L) 文字(Y) 选择(S) 滤镜(T) 3D(D) 视图(V) 增效工具 窗口(W) 帮助(H)

图 1-2 菜单栏

单击其中一个菜单，即可打开相应的菜单列表。每个菜单都包含多个命令，如果命令显示为浅灰色，则表示该命令目前状态为不可执行；而带有▶符号的命令，表示该命令还包含多个子命令，如图 1-3 所示。

有些命令右侧的字母组合代表该命令的键盘快捷键，按下该快捷键即可快速执行该命令；有些命令右侧提供了快捷键字母，此时可以按下 Alt 键 + 主菜单右侧的快捷键字母，再按下命令后的快捷键字母，即可执行该命令。如图 1-4 所示，按下 Ctrl+W，或者 Alt+Ctrl+W、Alt+Ctrl+P，均可执行"关闭"命令。

图 1-3　打开菜单　　　　　　　　图 1-4　使用命令快捷键

命令后面带省略号，则表示执行该命令后，工作区中将会显示相应的设置对话框，如图 1-5 所示。

图 1-5　打开命令对话框

1.1.2　选项栏

选项栏在 Photoshop 的应用中具有非常重要的作用。它位于菜单栏的下方。当选中工具面板中的任意工具时，选项栏就会显示如图 1-6 所示相应的工具属性设置选项，可以很方便地利用它来设置工具的各种属性。

【画笔】工具选项栏

【渐变】工具选项栏

图 1-6　选项栏

> **提示**
>
> 在选项栏中设置完参数后，如果想将该工具选项栏中的参数恢复为默认值，可以在选项栏左侧的工具图标处右击，从弹出的如图 1-7 所示的快捷菜单中选择【复位工具】命令或【复位所有工具】命令。选择【复位工具】命令，即可将当前工具选项栏中的参数恢复为默认值。如果想将所有工具选项栏的参数恢复为默认设置，可以选择【复位所有工具】命令。

图 1-7　复位工具

1.1.3 文档窗口

文档窗口是显示图像内容的地方。打开的图像文件默认以选项卡模式显示在工作区中，其上方的标签会显示图像的相关信息，包括文件名、显示比例、颜色模式和位深度等，如图 1-8 所示。

如果需要自定义主屏幕中显示的最近打开的文档数，选择【编辑】|【首选项】|【文件处理】命令，打开【首选项】对话框，然后在如图 1-9 所示的【近期文件列表包含】数值框中指定所需的数值 (0~100)，默认数值为 20。

图 1-8　文档窗口

图 1-9　【近期文件列表包含】数值框

1.1.4 状态栏

状态栏位于文档窗口的下方，用于显示当前文档的尺寸和窗口缩放比例等信息。单击状态栏中的 》按钮，从弹出的如图 1-10 所示的菜单中可以设置要显示的内容。

1.1.5 工具面板

在 Photoshop 工具面板 (也称工具栏) 中，包含很多工具图标，依照功能与用途大致可分为选取、编辑、绘图、修图、路径、文字、填色及预览类工具。

图 1-10　状态栏

单击工具面板中的工具按钮图标，即可选中并使用该工具。如果某工具按钮图标右下方有一个三角形符号，则表示该工具还有弹出式的工具组。单击该工具按钮则会出现如图 1-11 所示的工具组，将鼠标移到工具图标上即可切换不同的工具。也可以按住 Alt 键并单击工具按钮图标，以切换工具组中不同的工具。另外，用户还可以通过快捷键来选择工具，工具名称后的字母即是工具快捷键。

工具面板底部还有三组控件，如图 1-12 所示。填充颜色控件用于设置前景色与背景色；工作模式控件用来选择以标准工作模式还是快速蒙版工作模式进行图像编辑；更改屏幕模式控件用来切换屏幕模式。

图 1-11　显示工具组

图 1-12　工具面板控件

1.1.6　功能控制面板

面板是 Photoshop 工作区中经常使用的组成部分，主要用来配合图像的编辑、对操作进行控制以及设置参数等。默认情况下，面板位于工作区的右侧。

默认情况下，常用的一些面板位于工作区右侧的堆栈中。单击其中一个面板名称，即可切换到相对应的面板，如图 1-14 所示。而一些未显示的面板，可以通过选择【窗口】菜单中的相应命令使其显示在工作区内，如图 1-15 所示。

图 1-14　切换面板

图 1-15　显示面板

对于暂时不需要使用的面板，可以将其折叠或关闭，以增大文档窗口显示区域的面积。单击面板右上角的 ▶▶ 按钮，可以将面板折叠为图标，如图 1-16 所示。单击面板右上角的 ◀◀ 按钮可以展开面板。可以通过面板菜单中的【关闭】命令关闭面板，或选择【关闭选项卡组】命令关闭面板组，如图 1-17 所示。

图 1-16　折叠面板

图 1-17　关闭面板

Photoshop 应用程序中将 20 多个功能面板进行了分组。显示的功能面板默认会被拼贴在固定区域。如果要将面板组中的面板移到固定区域外，可以使用鼠标单击面板选项卡的名称位置，并按住鼠标左键将其拖到面板组以外，将该面板变成浮动式面板，放置在工作区中的任意位置，如图 1-18 所示。

图 1-18　拆分面板

在一个独立面板的选项卡名称位置处单击，然后按住鼠标左键将其拖到另一个面板上，当目标面板周围出现蓝色的边框时释放鼠标，即可将两个面板组合在一起，如图 1-19 所示。

为了节省空间，我们还可以将组合的面板停靠在工作区右侧的边缘位置，或与其他的面板组停靠在一起。拖动面板组上方的标题栏或选项卡位置，将其移到另一组或一个面板边缘位置，当看到一条水平的蓝色线条时，释放鼠标即可将该面板组停靠在其他面板或面板组的边缘位置，如图 1-20 所示。

图 1-19　组合面板

图 1-20　停靠面板

提示

学习完本节，会打开一些不需要的面板，或打乱了工作区中的面板位置。一个一个地重新拖曳调整，费时又费力，这时可以选择【窗口】|【工作区】|【复位基本功能】命令，就可以将凌乱的工作区恢复到默认状态。

1.2 软件界面的基本操作

在使用 Photoshop 编辑图像之前，用户可以根据编辑项目需求自定义工作界面，以便提高工作效率和便捷性。

1.2.1　自定义工具栏

在 Photoshop 中，用户可以自定义工具栏，将多个常用工具归为一组并实现更多操作。选择【编辑】|【工具栏】命令，或长按位于工具面板中的 ... 按钮，然后选择【编辑工具栏】命令，可以打开如图 1-21 所示的【自定义工具栏】对话框。

在该对话框左侧的【工具栏】列表框中显示了当前工具面板中所包含的工具及工具分组。用户可以在【工具栏】列表框中根据个人的操作需求重新排列、组合工具，以便简化编辑处理的工作流程，提高工作效率。在【工具栏】列表框中选中需要调整位置的工具或工具组，当其周围出现蓝色边框线时，将其拖到所需位置(出现蓝色线条)，如图 1-22 所示，然后释放鼠标即可。

图 1-21　【自定义工具栏】对话框

图 1-22　调整工具位置

用户若要将超出数量限制、未使用或使用频率较低的工具放入【附加工具】栏中，在【工具栏】列表框中选中需放入【附加工具】栏中的工具或工具组，当其周围出现如图 1-23 所示的蓝色边框线时，将其拖至对话框右侧的【附加工具】列表框中即可。

工具栏调整完成后，可以单击【存储预设】按钮，在打开的如图 1-24 所示的【另存为】对话框中存储自定义的工具栏。

图 1-23　设置【附加工具】栏

图 1-24　"另存为"对话框

存储完成后，单击【自定义工具栏】对话框中的【完成】按钮，关闭对话框。【自定义工具栏】对话框中还有几个功能按钮，其作用如下。

▽ 单击【恢复默认值】按钮，可以恢复默认【工具栏】。

▽ 单击【清除工具】按钮，可以将【工具栏】列表框中的所有工具移至【附加工具】列表框中。

▽ 单击【载入预设】按钮，可以打开先前存储的自定义工具栏。

1.2.2 自定义快捷键

Photoshop 为常用的工具、命令和面板配备了快捷键。通过快捷键完成工作任务，可以减少操作步骤，提高操作速度。Photoshop 还提供了自定义修改快捷键的权限，用户可根据自己的操作习惯来定义菜单快捷键、面板快捷键，以及工具面板中各个工具的快捷键。

【例 1-1】 自定义快捷键。 📹视频

(1) 选择【编辑】|【键盘快捷键】命令，或选择【窗口】|【工作区】|【键盘快捷键和菜单】命令，打开【键盘快捷键和菜单】对话框，如图 1-25 所示。

(2) 在【键盘快捷键和菜单】对话框的【快捷键用于】下拉列表中提供了【应用程序菜单】【面板菜单】【工具】和【任务空间】4 个选项，如图 1-26 所示。

图 1-25 【键盘快捷键和菜单】对话框

图 1-26 【快捷键用于】下拉列表

▽ 选择【应用程序菜单】选项后，在下方列表框中单击展开某一菜单后，再单击需要添加或修改快捷键的命令，即可输入新的快捷键。

▽ 选择【面板菜单】选项，可对某个面板的相关操作定义快捷键。

▽ 选择【工具】选项，可为工具面板中的各个工具选项设置快捷键。

▽ 选择【任务空间】选项，可为【内容识别填充】和【选择并遮住】工作区设置快捷键。

(3) 本例选择【工具】选项，然后在【工具面板命令】列表框中选中【抓手】工具，如图 1-27 所示，其右侧的文本框中会显示快捷键 H，单击【删除快捷键】按钮将其删除。

(4) 选中【转换点】工具，在显示的文本框中输入 H，为【转换点】工具指定快捷键，如图 1-28 所示。

图 1-27　选中【抓手工具】

图 1-28　设置快捷键

提示

　　在设置键盘快捷键时，如果设置的快捷键已经被使用或禁用该种组合的按键方式，会在【键盘快捷键和菜单】对话框的下方区域中显示警告文字信息进行提醒。如果设置的快捷键是无效的快捷键，快捷键文本框右侧会显示🚫图标，如图 1-29 所示。如果设置的快捷键与已经在使用的快捷键发生冲突，快捷键文本框右侧会显示⚠图标，如图 1-30 所示。此时，单击【键盘快捷键和菜单】对话框底部的【还原更改】按钮，可以重新设置快捷键；单击【接受并转到冲突处】按钮，可以应用快捷键，并转到冲突处重新设置快捷键。

图 1-29　快捷键无效

图 1-30　快捷键冲突

　　(5) 单击【根据当前的快捷键组创建一组新的快捷键】按钮，在打开的【另存为】对话框的【文件名】文本框中输入"自定工具快捷键"，单击【保存】按钮，如图 1-31 所示，关闭【另存为】对话框。

　　(6) 设置完成后，单击【确定】按钮，关闭【键盘快捷键和菜单】对话框。在工具面板的【钢笔】工具上单击鼠标，并长按鼠标左键，显示工具组，可以看到【转换点】工具后显示快捷键 H，如图 1-32 所示。

图 1-31　存储自定义工具快捷键　　　　图 1-32　显示快捷键

1.2.3 自定义菜单

在 Photoshop 中，可以将不常用的菜单命令进行隐藏，使菜单列表更加简洁、清晰，便于查找命令；还可以为常用的菜单命令添加颜色，使其易于识别。

【例1-2】 自定义菜单。 🔵视频

(1) 选择【编辑】|【菜单】命令，或选择【窗口】|【工作区】|【键盘快捷键和菜单】命令，打开【键盘快捷键和菜单】对话框。在该对话框中，选择【菜单】选项卡，如图1-33 所示。

(2) 在【应用程序菜单命令】选项组中，单击【文件】菜单组前的 图标，展开菜单，如图 1-34 所示。

图 1-33　选择【菜单】选项卡

图 1-34　展开菜单

(3) 选择【在 Bridge 中浏览】命令，单击【可见性】栏中的 图标可以隐藏其在菜单栏中的显示，如图 1-35 所示，再次单击可以重新将其显示在菜单栏中。

图 1-35　设置菜单可见性

(4) 选择【新建】命令，单击【颜色】栏中的选项，在弹出的下拉列表中选择【红色】选项，如图 1-36 所示，设置菜单颜色。

(5) 单击【根据当前菜单组创建一个新组】按钮 ，在打开的【另存为】对话框的【文件名】文本框中输入"自定义菜单"，单击【保存】按钮，如图 1-37 所示，关闭【另存为】对话框。

(6) 设置完成后，单击【确定】按钮，关闭【键盘快捷键和菜单】对话框。此时，再次选择【文件】菜单，即可看到【新建】命令添加了所选颜色，如图 1-38 所示。

图 1-36　设置命令显示颜色

图 1-37　存储自定义菜单

图 1-38　查看菜单

 提示

当需要使用被隐藏的命令时，按住 Ctrl 键并单击菜单名称，展开的菜单中即可显示被隐藏的命令名称。

1.2.4　自定义工作区

选择【窗口】|【工作区】|【新建工作区】命令，可以将当前工作区的状态存储为可以随时使用的工作区。在弹出的如图 1-39 所示的【新建工作区】对话框中，为工作区设置一个名称，同时在【捕捉】选项组中选择修改过的工作区元素，接着单击【存储】按钮，即可存储当前工作区。再次选择【窗口】|【工作区】命令，在子菜单下可以选择上一步自定义的工作区，如图 1-40 所示。

图 1-39　【新建工作区】对话框

图 1-40　选择自定义工作区

提示

选择【窗口】|【工作区】|【删除工作区】命令，在弹出的如图 1-41 所示的【删除工作区】对话框中选择需要删除的工作区名称后，单击【删除】按钮，可以删除工作区。

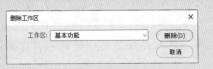

图 1-41　【删除工作区】对话框

1.3 图像文件的基本操作

　　熟悉 Photoshop 的操作界面后，用户就可以开始正式学习 Photoshop 的功能了。打开 Photoshop 后，用户需要新建文件或打开已有的文件。在对文件的编辑过程中还经常会使用到置入操作，文件制作完成后需要对文件进行存储。下面将一一介绍这些常用的、应该掌握的基础知识。

1.3.1 新建图像文件

　　打开 Photoshop 后，要想设计作品，就必须新建一个文档。新建文档之前，用户首先要考虑新建文档的尺寸、分辨率、颜色模式，然后在【新建文档】对话框中进行设置。

　　🖐【例 1-3】 新建图像文件。🎬 视频

　　(1) 启动 Photoshop 后，在主屏幕中单击【新建】按钮，或选择菜单栏中的【文件】|【新建】命令，或按 Ctrl+N 快捷键，打开如图 1-42 所示的【新建文档】对话框。该对话框大致分为 3 部分：顶端是预设的尺寸选项；左侧是预设选项或最近使用过的项目；右侧是自定义选项区域。

　　(2) 如果用户需要制作特殊尺寸的文档，就需要在该对话框的右侧区域进行设置。在右侧顶部的文本框中，可以输入文档名称，如图 1-43 所示，默认文档名称为"未标题 -1"。

图 1-42 　【新建文档】对话框

图 1-43 　输入文档名称

　　(3) 在该对话框如图 1-44 所示的区域可以设置画板大小。在【宽度】【高度】数值框中，设置文件的宽度和高度，其单位有【像素】【英寸】【厘米】【毫米】【点】和【派卡】6 个选项。在【方向】选项组中，单击【纵向】或【横向】按钮可以设置文档方向。选中其右侧的【画板】复选框，可以在新建文档的同时创建画板。

图 1-44 　设置画板大小

对于经常使用的特殊尺寸文档，用户可以在设置完成后，单击名称栏右侧的按钮，在显示【保存文档预设】选项区域后，在保存文档名称栏中输入自定义预设名称，然后单击【保存预设】按钮，如图 1-45 所示，即可在【已保存】选项的下方看到保存的文档预设。

图 1-45　保存预设

　　(4) 在如图 1-46 所示的【分辨率】选项组中，可以设置图像的分辨率，其单位有【像素/英寸】和【像素/厘米】两种。一般情况下，图像的分辨率越高，图像质量越好。

　　(5) 在如图 1-47 所示的【颜色模式】选项组的下拉列表中选择文件的颜色模式及相应的颜色位深度。

图 1-46　设置【分辨率】　　　　　　　图 1-47　设置【颜色模式】

　　(6) 在【背景内容】下拉列表中选择文件的背景内容，有【白色】【黑色】【背景色】【透明】和【自定义】5 个选项。也可以单击右侧的色板图标，打开【拾色器 (新建文档背景颜色)】对话框自定义背景颜色，如图 1-48 所示。

　　(7) 单击【高级选项】右侧的按钮，展开如图 1-49 所示的隐藏的选项。其中包含【颜色配置文件】和【像素长宽比】选项。在【颜色配置文件】下拉列表中可以为文件选择一个颜色配置文件；在【像素长宽比】下拉列表中可以选择像素的长宽比。一般情况下，保持默认设置即可。设置完成后，单击【创建】按钮即可根据所有设置新建一个空白文档。

图 1-48　设置【背景内容】　　　　　　图 1-49　展开【高级选项】

提示

　　根据不同行业，Photoshop 将常用的设计尺寸进行了分类，包含【照片】【打印】【图稿和插图】【Web】【移动设备】和【胶片和视频】选项，如图 1-50 所示。我们可以根据需要在预设中找到所需要的尺寸，例如，设计用于排版、印刷的作品，那么单击【新建文档】对话框顶部的【打印】选项，即可在下方看到常用的打印尺寸。

图 1-50　常用尺寸选项

1.3.2　打开图像文件

如果想要处理数码照片，或者编辑之前的设计文件，就需要在 Photoshop 中打开已有的文件。选择【文件】|【打开】命令，或按 Ctrl+O 快捷键，然后在弹出的如图 1-51 所示的【打开】对话框中找到文件所在的位置，选择所需打开的文件，接着单击【打开】按钮，即可在 Photoshop 中打开该文件。

图 1-51　打开图像文件

在【打开】对话框中，可以一次性选择多个文档进行打开操作，可以按住鼠标左键拖动框选多个文档，也可以按住 Ctrl 键单击多个文档，然后单击【打开】按钮，即可打开被选中的多个文档，如图 1-52 所示。

图 1-52　打开多个文档

提示

打开 Photoshop 后，主屏幕中会显示最近打开文档的缩览图，如图 1-53 所示，单击缩览图即可打开相应的文档。用户还可以选择【文件】|【最近打开文件】命令，在如图 1-54 所示的子菜单中单击文件名称即可将其在 Photoshop 中打开。

图 1-53　主屏幕　　　　　　　图 1-54　【最近打开文件】命令子菜单

1.3.3　置入：在文档中添加对象

使用 Photoshop 进行设计时，经常需要使用其他的图片元素，以丰富画面效果。使用置入文件功能，可以实现 Photoshop 与其他图像编辑软件之间的数据交互。

1. 置入嵌入对象

打开一幅图像文件，接着选择【文件】|【置入嵌入对象】命令，在打开的【置入嵌入的对象】对话框中选择需要置入的文件，单击【置入】按钮，如图 1-55 所示。

图 1-55　选择要置入的图像

随即选择的文件会被置入当前文档内，此时置入的对象边缘会显示定界框和控制点，如图 1-56 所示。将光标移至置入图像的上方，按住鼠标左键并拖曳可以移动对象，如图 1-57 所示。

图 1-56 显示定界框   图 1-57 移动置入的图像

将光标定位在定界框四角或边线中间处控制点的上方并拖动，可以对置入图像的大小进行调整，向内拖动则缩小图像，向外拖动则放大图像，如图 1-58 所示。将光标移至定界框角点外，光标变为 ↰ 形状后按住鼠标左键并拖曳，可旋转图像。调整完成后，按 Enter 键即可完成置入操作。此时，在【图层】面板中可看到新置入的智能对象图层，如图 1-59 所示。

图 1-58 调整置入图像的大小   图 1-59 置入图像

2. 将智能对象转换为普通图层

置入后的素材图像会成为智能对象，智能对象在进行缩放、定位、斜切、旋转或变形等操作时并不会降低图像的质量。但是智能对象无法直接进行内容的编辑，如删除局部、添加绘制等。如果想要对智能对象进行内容的编辑，就需要在该图层上右击，在弹出的快捷菜单中选择【栅格化图层】命令，将智能对象转换为普通图层对象后进行编辑，如图 1-60 所示。

图 1-60 栅格化图层

1.3.4 存储图像文件

对文档进行编辑后，应及时存储编辑结果，以免因 Photoshop 出现意外致程序错误、计算机出现程序错误或突发断电等情况时没有进行保存而造成的编辑效果丢失。Photoshop 的默认存储格式是 PSD 格式，能够保存图层、蒙版、通道、路径、文字、图层样式等设置。

1. 使用【存储】命令

对于第一次存储的图像文件，可以选择【文件】|【存储】命令，或按 Ctrl+S 快捷键打开如图 1-61 所示的【存储为】对话框进行保存。

图 1-61　【存储为】对话框

在打开的对话框中，可以指定文件的保存位置、保存类型和文件名，如图 1-62 所示。

图 1-62　设置存储

在存储新建的文件时，默认格式为 Photoshop(*.PSD；*.PDD；*.PSDT)。选择该格式后，单击【保存】按钮，会弹出如图 1-63 所示的【Photoshop 格式选项】对话框，选中【最大兼容】复选框，可以保证当前文档在其他版本的 Photoshop 中也能够正确打开，在这里单击【确定】按钮即可保存文档；选中【不再显示】复选框，单击【确定】按钮，可以每次都采用当前设置，且不再显示该对话框。

图 1-63　【Photoshop 格式选项】对话框

💊 提示

PSD 格式文件可以在多款 Adobe 公司的软件中应用，在实际操作中也会经常直接将 PSD 格式文件置入 Illustrator、InDesign 等平面设计软件中。除此之外，After Effects、Premiere 等影视后期制作软件也可以使用 PSD 格式文件。

2. 使用【存储为】命令

如果想对编辑后的图像文件以其他文件格式或文件路径进行存储，可以选择【文件】|【存储为】命令或【文件】|【存储副本】命令。

编辑图像文件后，选择【文件】|【存储为】命令，或按 Shift+Ctrl+S 快捷键可打开如图 1-64 所示的【存储为】对话框。在【存储为】对话框的【保存类型】下拉列表中可以选择 *.PSD、*.PSB、*.PDF 和 *.TIF 四种文件格式。

图 1-64　【存储为】对话框

如果需要选择 *.BMP、*.JPEG 或 *.PNG 等其他文件格式，可以单击【存储为】对话框中的【存储副本】按钮，或直接选择【文件】|【存储副本】命令，打开【存储副本】对话框，然后在【保存类型】下拉列表中显示的所有文件格式中进行选择。

在【保存类型】下拉列表中选择另存图像文件的格式后，单击【保存】按钮，即可弹出相应的格式选项对话框。例如选择 *.JPEG 格式，在弹出的【JPEG 选项】对话框中，可以设置图像品质，然后单击【确定】按钮即可按设置进行存储，如图 1-65 所示。

图 1-65　设置另存为 JPEG 格式

1.3.5　关闭图像文件

同时打开几个图像文件窗口会占用一定的屏幕空间和系统资源。因此，在完成图像的编辑后，用户可以使用【文件】菜单中的命令，或单击窗口中的按钮关闭图像文件。Photoshop 提供了以下 4 种关闭文件的方法。

▽ 选择【文件】|【关闭】命令，或按 Ctrl+W 快捷键，或单击文档窗口文件名旁的【关闭】按钮，可以关闭当前处于激活状态的文件。使用这种方法关闭文件时，其他文件不受任何影响。

▽ 选择【文件】|【关闭全部】命令，或按 Alt+Ctrl+W 快捷键，可以关闭当前工作区中打开的所有文件。

▽ 选择【文件】|【关闭并转到 Bridge】命令，可以关闭当前处于激活状态的文件，然后打开 Bridge 操作界面。

▽ 选择【文件】|【退出】命令或者单击 Photoshop 工作区右上角的【关闭】按钮，可以关闭所有文件并退出 Photoshop。

1.4　查看图像的基本操作

在使用 Photoshop 编辑图像文件的过程中，经常需要放大和缩小窗口的显示比例、移动画面的显示区域，以便更好地观察和处理图像。Photoshop 提供了用于缩放窗口的工具和命令，如切换屏幕模式、【缩放】工具、【抓手】工具、【导航器】面板等。

1.4.1　放大、缩小显示图像

在编辑处理图像的过程中，用户经常需要对编辑的图像频繁地放大或缩小显示，以便于进行图像的查看、编辑操作。此时，用户可以使用【缩放】工具。

单击工具面板中的【缩放】工具，将光标移到画面中，单击鼠标即可以单击的点为中心放大图像的显示比例，如需放大多倍，可以多次单击；也可以直接按 Ctrl+ + 快捷键放大图像显示比例，如图 1-66 所示。

图 1-66　放大图像

【缩放】工具既可以放大图像，也可以缩小图像，在【缩放】工具选项栏中可以切换该工具的模式，单击【缩小】按钮可以切换到缩小模式。在画布中单击，可以缩小图像，也可以直接按 Ctrl+ - 键缩小图像显示比例，如图 1-67 所示。

图 1-67　缩小图像

> **提示**
>
> 使用【缩放】工具缩放图像的显示比例时，通过选项栏切换放大、缩小模式并不方便，因此可以配合使用 Alt 键来切换。在【缩放】工具的放大模式下，按住 Alt 键就会切换成缩小模式，释放 Alt 键又可恢复为放大模式状态。

在如图 1-68 所示的【缩放】工具选项栏中，还可以看到一些其他选项。

图 1-68　【缩放】工具选项栏

▽ 【调整窗口大小以满屏显示】复选框：选中该复选框，在缩放窗口的同时自动调整窗口的大小。

▽ 【缩放所有窗口】复选框：选中该复选框，可同时缩放所有打开的文档窗口中的图像。

▽ 【细微缩放】复选框：选中该复选框，在画面中单击并向左侧或右侧拖动鼠标，能够以平滑的方式快速缩小或放大窗口。

▽ 100% 按钮：单击该按钮，图像以实际像素即 100% 的比例显示，也可以通过双击缩放工具来进行同样的调整。

▽ 【适合屏幕】按钮：单击该按钮，可在窗口中最大化显示完整的图像。

▽ 【填充屏幕】按钮：单击该按钮，可使图像充满文档窗口。

提示

通过选择【视图】菜单中的相关命令也可实现缩放。在【视图】菜单中，可以选择【放大】【缩小】【按屏幕大小缩放】【按屏幕大小缩放画板】【100%】【200%】【打印尺寸】命令。还可以使用命令后显示的快捷键缩放图像画面的显示，如按 Ctrl+ + 快捷键可以放大显示图像画面；按 Ctrl+ - 快捷键可以缩小显示图像画面；按 Ctrl+0 快捷键可以按屏幕大小显示图像画面。

1.4.2　使用【抓手】工具

当图像显示比例较大时，有些局部可能就无法显示，这时用户可以使用工具面板中的【抓手】工具，在画面中按住鼠标左键并拖曳，如图 1-69 所示。

图 1-69　使用【抓手】工具

提示

在使用其他工具时，可以按 Space 键（空格键）快速切换到【抓手】工具状态。此时，在画面中按住鼠标左键并拖曳，即可平移画面。松开 Space 键时，会自动切换回之前使用的工具。

1.4.3　使用【导航器】面板查看

使用【导航器】面板不仅可以方便地对图像文件在窗口中的显示比例进行调整，而且可以对图像文件的显示区域进行移动选择。

选择【文件】|【打开】命令，打开图像文件。选择【窗口】|【导航器】命令，打开【导航器】面板。在【导航器】面板的缩放数值框中显示了窗口的显示比例，在数值框中输入数值可以更改显示比例，如图 1-70 所示。

图 1-70　更改显示比例

在【导航器】面板中单击【放大】按钮可放大图像在窗口的显示比例，单击【缩小】按钮则反之。用户也可以使用缩放比例滑块，调整图像文件窗口的显示比例。向左移动缩放比例滑块，可以缩小画面的显示比例；向右移动缩放比例滑块，可以放大画面的显示比例，如图 1-71 所示。在调整画面显示比例的同时，【导航器】面板中的红色矩形框大小也会进行相应的缩放。

当窗口中不能显示完整的图像时，将光标移至【导航器】面板的预览区域，光标会变为手形。单击并拖动鼠标可以移动画面，预览区域内的图像会显示在文档窗口的中心，如图 1-72 所示。

图 1-71　移动比例滑块　　　　　　　　　图 1-72　移动显示画面

1.4.4　使用不同的屏幕模式

Photoshop 提供了【标准屏幕模式】【带有菜单栏的全屏模式】和【全屏模式】3 种屏幕模式。选择【视图】|【屏幕模式】命令，或单击工具面板底部的【更改屏幕模式】按钮，从弹出式菜单中选择所需的模式，或直接按 F 键在屏幕模式间进行切换。

▽　【标准屏幕模式】：Photoshop 默认的显示模式。在这种模式下显示全部工作界面的组件，如图 1-73 所示。

▽　【带有菜单栏的全屏模式】：显示带有菜单栏和 50% 灰色背景，隐藏标题栏和滚动条的全屏窗口，如图 1-74 所示。

图 1-73　标准屏幕模式

图 1-74　带菜单栏的全屏模式

▽　【全屏模式】：在工作界面中，显示只有黑色背景的全屏窗口，隐藏标题栏、菜单栏或滚动条，如图 1-75 所示。在选择【全屏模式】时，会弹出如图 1-76 所示的【信息】对话框。选中【不再显示】复选框，再次选择【全屏模式】时，将不再显示该对话框。

图 1-75　全屏模式

图 1-76　【信息】对话框

在全屏模式下，两侧面板是隐藏的。用户可以将光标放置在屏幕的两侧访问面板，如图 1-77 所示。另外，在全屏模式下，按 F 键或 Esc 键可以返回标准屏幕模式。

图 1-77　访问面板

> 📎 **提示**
>
> 在任一视图模式下，按 Tab 键都可以隐藏工具面板、面板组或工具控制面板；再次按 Tab 键可以重新显示工具面板、面板组或工具选项栏。按 Shift+Tab 快捷键可以隐藏面板组；再次按 Shift+Tab 快捷键可以重新显示面板组。

1.5　图像文件的颜色设置

在 Photoshop 中，用户可以通过多种工具（如【拾色器】对话框、【颜色】面板、【色板】面板和【吸管】工具等）设置前景色和背景色。用户可以根据需要选择最适合的方法。

在设置颜色之前，用户需要先了解前景色和背景色。前景色决定了使用绘画工具绘制图形，以及使用文字工具创建文字时的颜色。背景色决定了使用橡皮擦工具擦除图像时，擦除区域呈现的颜色，以及增加画布大小时，新增画布的颜色。

设置前景色和背景色可以利用位于工具面板下方的控件进行设置，如图 1-78 所示。系统默认状态下，前景色是 R、G、B 数值都为 0 的黑色，背景色是 R、G、B 数值都为 255 的白色。

图 1-78　工具面板控件

▽ 【设置前景色】/【设置背景色】图标：单击前景色或背景色图标，可以在弹出的【拾色器】对话框中选取一种颜色作为前景色或背景色。

▽ 【切换前景色和背景色】图标：单击该图标可以切换所设置的前景色和背景色，也可以按快捷键 X 进行切换。

▽ 【默认前景色和背景色】图标：单击该图标或者按快捷键 D，可以恢复默认的前景色和背景色。

1.5.1　使用【拾色器】对话框设置颜色

在 Photoshop 中，单击工具面板下方的【设置前景色】或【设置背景色】图标，都可以打开如图 1-79 所示的【拾色器】对话框。在【拾色器】对话框中可以基于 HSB、RGB、Lab、CMYK 等颜色模型指定颜色。在【拾色器】对话框左侧的主颜色框中单击鼠标可选取颜色，该颜色会显示在右侧上方的颜色方框内，同时右侧文本框的数值会随之改变。用户也可以在右侧的颜色文本框中输入数值，或拖动主颜色框右侧颜色滑动条的滑块来改变主颜色框中的主色调。

图 1-79　【拾色器】对话框

▽ 【颜色库】：单击该按钮，可以打开如图 1-80 所示的【颜色库】对话框。在【颜色库】对话框的【色库】下拉列表中提供了 20 多种颜色库，这些颜色库是国际公认的色样标准。彩色印刷人员可以根据按这些标准制作的色样本或色谱表，精确地选择和确定所使用的颜色。

▽ 颜色滑块 / 色域 / 拾取颜色：拖动颜色滑块，或者在竖直的渐变颜色条上单击可选取颜色范围，如图 1-81 所示。设置颜色范围后，在色域中单击或拖动鼠标，可以在选定的颜色范围内设置当前颜色并调整颜色的深浅。

图 1-80　【颜色库】对话框

图 1-81　选取颜色范围

▽ 颜色值：【拾色器】对话框中的色域可以显示 HSB、RGB、Lab 颜色模式中的颜色分量。如果知道所需颜色的数值，则可以在相应的数值框中输入数值，精确地定义颜色。

▽ 新的 / 当前：颜色滑块右侧的颜色框中有两个色块，上部的色块为【新的】，显示的是当前选择的颜色；下部的色块为【当前】，显示的是上一次选择的颜色。

▽ 溢色警告 / 非 Web 安全色警告：对于 CMYK 设置而言，在 RGB 模式中显示的颜色可能会超出色域范围，而无法打印。如果当前选择的颜色是不能打印的颜色，则会显示溢色警告。Photoshop 在警告标志下方的颜色块中显示了与当前选择的颜色最为接近的 CMYK 颜色，单击警告标志或颜色块，可以将颜色块中的颜色设置为当前颜色。Web 安全颜色是浏览器使用的 216 种颜色，如果当前选择的颜色不能在 Web 页上准确地显示，则会出现非 Web 安全色警告。Photoshop 在警告标志下的颜色块中显示了与当前选择的颜色最为接近的 Web 安全色，单击警告标志或颜色块，可将颜色块中的颜色设置为当前颜色。图 1-82 所示为溢色警告和非 Web 安全色警告图标。

图 1-82　溢色警告和非 Web 安全色警告图标

▽ 【只有 Web 颜色】：选中此复选框，色域中只显示 Web 安全色，此时选择的任何颜色都是 Web 安全色。

▽ 【添加到色板】：单击此按钮，可以打开【色板名称】对话框将当前设置的颜色添加到【色板】面板，使之成为面板中预设的颜色。

1.5.2　使用【颜色】面板设置颜色

【颜色】面板根据文档的颜色模式默认显示对应的颜色通道。选择【窗口】|【颜色】命令，可以打开【颜色】面板。单击【颜色】面板右上角的面板菜单按钮，在弹出的如图 1-83 所示的菜单中可以选择面板要显示的内容。选择不同的颜色模式，面板中显示的内容也不同。

图 1-83　选择面板显示内容

在【颜色】面板中的左上角有两个色块用于表示前景色和背景色。单击前景色或背景色色块，此时所有的调节只对选中的色块有效。拖曳面板中的颜色滑块，或者在选项中输入数值即可设置颜色，如图 1-84 所示。用户也可以双击【颜色】面板中的前景色或背景色色块，打开【拾色器】对话框进行设置。

【颜色】面板下方有一个色谱条，将光标放置在色谱条上方，光标会变为吸管形状，单击鼠标，可以采集单击点的颜色，如图 1-85 所示。单击并按住鼠标左键在色谱条上拖曳鼠标，则可以动态采集颜色。

图 1-84　设置颜色

图 1-85　采集颜色

提示

当所选颜色在印刷中无法实现时，在【颜色】面板中会出现溢色警告图标，在其右边会有一个替换的色块，替换的颜色一般都较暗，如图 1-86 所示。

图 1-86　替换颜色

1.5.3　使用【色板】面板设置颜色

【色板】面板可以保存颜色设置，在【拾色器】或【颜色】面板中设置好前景色后，可以将其保存到【色板】面板中，以后作为预设的颜色来使用。在默认状态下，【色板】面板中有 122 种预设的颜色。在【色板】面板中单击色板，即可将其设置为前景色或背景色。这在 Photoshop 中是最简单、最快速的颜色选取方法。

选择【窗口】|【色板】命令，可以打开【色板】面板。将鼠标移到色板上，光标变为吸管形状时，单击即可改变前景色；按住 Alt 键单击即可设置背景色，如图 1-87 所示。将光标放置在一个色板上，就会显示其色板名称。如果想要显示全部色板名称，可以从面板菜单中选择【小列表】或【大列表】命令，如图 1-88 所示。

图 1-87　设置背景色

在【色板】面板中，单击【创建新色板】按钮 ▣，可以直接创建新色板。如果有不需要的颜色，可将其删除。在【色板】面板中，单击并拖动需要删除的色板至面板底部的【删除色板】按钮 🗑 上，释放鼠标即可。进行了添加、删除或载入色板库的操作后，可以选择【色板】面板菜单中的【恢复默认色板】命令，让面板恢复为默认的颜色，以减少系统资源的占用。

【色板】面板菜单中提供了多种色板库。单击色板库前的 › 图标，即可展开色板库中的色板，如图 1-89 所示。

图 1-88　更改面板显示

图 1-89　展开色板库

25

提示

　　如果要将当前的颜色信息存储起来，可在【色板】面板弹出菜单中选择【导出所选色板】命令或【导出色板以供交换】命令。在打开的【另存为】对话框中，将色板存储到 Photoshop 安装路径下默认的 Color Swatches 文件夹中。如果要调用存储的色板文件，可以选择【导入色板】命令将颜色文件载入。

【例 1-4】 在图像文件中吸取颜色，创建新色板。 视频

　　(1) 在 Photoshop 中，选择【文件】|【打开】命令，打开一个图像文件。使用【吸管】工具在图像上选择颜色，如图 1-90 所示。

　　(2) 在【色板】面板菜单中选择【新建色板预设】命令，在打开的【色板名称】对话框中，设置新色板的名称，然后单击【确定】按钮，如图 1-91 所示，即可将当前颜色添加到色板中。

图 1-90　吸取颜色

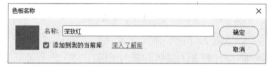

图 1-91　新建色板

1.5.4　使用【吸管】工具拾取屏幕颜色

　　【吸管】工具和【色板】面板都属于不能设置颜色、只能使用现成颜色的工具。【吸管】工具可以从计算机屏幕的任何位置拾取颜色，包括 Photoshop 工作区、计算机桌面、Windows 资源管理器，或者打开的网页等区域。

　　打开图像文件，选择【吸管】工具，将光标放在图像上，单击鼠标可以显示一个取样环，此时可以拾取单击点的颜色并将其设置为前景色；按住鼠标左键移动，取样环中会出现两种颜色，当前拾取颜色在上面，前一次拾取的颜色在下方，如图 1-92 所示。按住 Alt 键单击，可以拾取单击点的颜色并将其设置为背景色。

图 1-92　使用【吸管】工具

提示

　　使用【画笔】【铅笔】【渐变】【油漆桶】等绘画类工具时，可按住 Alt 键不放，临时切换为【吸管】工具进行颜色拾取。拾取颜色后，释放 Alt 键还会恢复为之前使用的工具。

选择【吸管】工具，显示如图 1-93 所示的选项栏。

图 1-93 【吸管】工具选项栏

▽ 【取样大小】：选择【取样点】选项，可以拾取鼠标单击点的精确颜色；选择【3×3平均】选项，表示拾取光标下方 3 个像素区域内所有像素的混合颜色；选择【5×5平均】选项，表示拾取光标下方 5 个像素区域内所有像素的混合颜色。其他选项以此类推。需要注意的是，【吸管】工具的【取样大小】会影响【魔棒】工具的【取样大小】。

▽ 【样本】：该选项决定了在哪个图层取样。如选择【当前图层】选项表示只在当前图层上取样；选择【所有图层】选项可以在所有图层上取样。

▽ 【显示取样环】复选框：选中该复选框，可以在拾取颜色时显示取样环。

1.6 标尺、网格和参考线设置

在 Photoshop 中使用辅助工具可以快速对齐、测量或排列对象。辅助工具包括标尺、参考线和网格等。它们的作用和特点各不相同。

1.6.1 标尺的设置

标尺可以帮助用户准确地定位图像或元素的位置。选择【视图】|【标尺】命令，或按 Ctrl+R 快捷键，可以在图像文件窗口的左侧和顶部分别显示水平和垂直标尺，如图 1-94 所示。此时移动光标，标尺内的标记会显示光标的精确位置。默认情况下，标尺的原点位于文档窗口的左上角。修改原点的位置，可从图像上的特定位置开始测量。

将光标放置在原点上，单击并向右下方拖动，画面中会显示十字线。将它拖动到需要的位置，然后释放鼠标，定义原点新位置，如图 1-95 所示。定位原点的过程中，按住 Shift 键可以使标尺的原点与标尺的刻度记号对齐。将光标放在原点默认的位置上，双击鼠标即可将原点恢复到默认位置。

图 1-94 显示标尺

在文档窗口中双击标尺，可以打开【首选项】对话框，在对话框中的【标尺】下拉列表中可以修改标尺的测量单位；或在标尺上右击，在弹出的快捷菜单中选择标尺的测量单位，如图 1-96 所示。

图 1-95 重新定义原点

图 1-96 设置标尺单位

27

1.6.2　参考线的设置

参考线是显示在图像文件上方的不会被打印出来的线条，可以帮助用户定位图像。创建的参考线可以被移动和删除，也可以被锁定。

1. 创建画布参考线

在 Photoshop 中，可以通过以下两种方法来创建参考线。一种方法是按 Ctrl+R 快捷键，在图像文件中显示标尺，然后将光标放置在标尺上，并向文档窗口中拖动，即可创建参考线，如图 1-97 所示。如果想要使参考线与标尺上的刻度对齐，可以在拖动时按住 Shift 键。

图 1-97　创建参考线

🖱 **提示**

在文档窗口中，没有选中画板时，拖动创建的参考线为画布参考线；选中画板后，拖动创建的参考线为画板参考线，如图 1-98 所示。

图 1-98　创建画板参考线

另一种方法是选择【视图】|【新建参考线】命令，打开如图 1-99 所示的【新建参考线】对话框。在该对话框的【取向】选项组中选择需要创建参考线的方向；在【位置】文本框中输入数值，此值代表了参考线在图像中的位置，然后单击【确定】按钮，可以按照设置的位置创建水平或垂直的参考线。

图 1-99　【新建参考线】对话框

🖱 **提示**

选择【视图】|【显示】|【参考线】命令，或按 Ctrl+；快捷键，可以将当前参考线隐藏。

---

2. 锁定参考线

创建参考线后，将鼠标移动到参考线上，当鼠标显示为 ↔ 图标时，单击并拖动鼠标，可以改变参考线的位置。在编辑图像文件的过程中，为了防止参考线被移动，选择【视图】|【锁定参考线】命令可以锁定参考线的位置；再次选择该命令，取消命令前的 √ 标记，即可取消参考线的锁定状态。

3. 清除参考线

如果用户不需要再使用参考线，可以将其清除。选择【视图】|【清除参考线】【清除所选画板参考线】命令或【清除画布参考线】命令即可。

▽ 选择【清除参考线】命令，可以删除图像文件中的画板参考线和画布参考线。

▽ 选择【清除所选画板参考线】命令，可以删除所选画板上的参考线。

▽ 选择【清除画布参考线】命令，可以删除文档窗口中的画布参考线。

1.6.3　网格的设置

默认情况下，网格显示为不可打印的线条或网点。网格对于对称布置图像和图形的绘制都十分有用。选择【视图】|【显示】|【网格】命令，或按 Ctrl+' 快捷键可以在当前打开的文件窗口中显示网格，如图 1-100 所示。

用户可以通过选择【编辑】|【首选项】|【参考线、网格和切片】命令，打开【首选项】对话框。在该对话框的【网格】选项组中，可以设置网格效果，如图 1-101 所示。

图 1-100　显示网格

图 1-101　设置网格

1.7　操作的还原

使用 Photoshop 编辑图像文件的过程中，如果出现操作失误，或对当前效果不满意，用户可以通过菜单命令方便地撤销或恢复图像处理的操作步骤。

1.7.1　撤销与恢复操作

当操作失误，或对当前效果不满意时，可以选择【编辑】|【还原 (操作步骤名称)】命令，或按 Ctrl+Z 快捷键，如图 1-102 所示。如果想要连续向前撤销编辑操作，可以连续按 Ctrl+Z 快捷键，按照【历史记录】面板中排列的操作顺序，逐步恢复操作步骤。需要注意的是，该操作只能撤销对图像的编辑操作，不能撤销保存图像的操作。如果想依次恢复被撤销的操作，可以选择【编辑】|【重做 (操作步骤名称)】命令，或按 Shift+Ctrl+Z 快捷键，如图 1-103 所示。

图 1-1102　还原操作　　　　　　图 1-103　重做操作

🐚 **提示**

默认情况下能够撤销 50 步历史操作，如果想要增加步骤数目，可以选择【编辑】|【首选项】|【性能】命令。然后在弹出的对话框的【历史记录与高速缓存】选项组中，修改【历史记录状态】的数值即可。但要注意：将【历史记录状态】数值设置过大时，会占用更多的系统内存，影响 Photoshop 的运行速度。

1.7.2 恢复文件

对一个图像文件进行了一些编辑操作后，选择【文件】|【恢复】命令，可以直接将文件恢复到最后一次存储时的状态。如果一直没有进行存储操作，则可以返回到刚打开文件时的状态。

1.7.3 使用【历史记录】面板

在 Photoshop 中，对图像文档进行过的编辑操作都会记录在【历史记录】面板中。通过【历史记录】面板，可以对编辑操作进行撤销或恢复，以及将图像恢复为打开时的状态。

选择【文件】|【打开】命令，打开图像文件。选择【窗口】|【历史记录】命令，打开如图 1-104 所示的【历史记录】面板。当用户对图像进行一些编辑操作时，操作步骤就会被记录在【历史记录】面板中，单击其中某项历史记录操作，就可以使文档返回到之前的编辑状态。如在【调整】面板中，单击【创建新的曲线调整图层】按钮，在打开的【属性】面板中调整 RGB 通道曲线形状，如图 1-105 所示。

图 1-104 打开【历史记录】面板　　　　图 1-105 调整曲线

在【调整】面板中，单击【创建新的渐变映射调整图层】按钮，新建渐变映射图层。然后在【图层】面板中，设置【渐变映射 1】图层的混合模式为【柔光】，【不透明度】数值为 25%，如图 1-106 所示。在【属性】面板中，单击渐变色条，打开【渐变编辑器】对话框。在该对话框的【预设】选项组中，展开【红色】选项，单击预设渐变，然后单击【确定】按钮，如图 1-107 所示。

图 1-106 新建渐变映射图层　　　　图 1-107 设置渐变映射

【历史记录】面板中保存的操作步骤默认为 50 步，然而在编辑图像的过程中一些操作需要更多的步骤才能完成。例如，使用【画笔】工具、【铅笔】工具、【颜色替换】工具、【模糊】工具、【锐化】工具、【涂抹】工具、【污点修复画笔】工具等绘画和修饰类工具时，每单击一下鼠标，就会被 Photoshop 记录为一个步骤。这种情况下，可以将完成的重要步骤创建为快照。当操作发生错误时，单击某一阶段的快照可以迅速将图像恢复到该状态，以弥补历史记录保存数量的局限。选择需要创建快照的状态，然后单击【创建新快照】按钮，即可新建快照，如图 1-108 所示。

要删除操作步骤，选择一个操作步骤后，单击【删除当前状态】按钮可将该操作步骤及其后的操作步骤删除。单击该按钮后，会弹出如图 1-109 所示的提示对话框，询问是否要删除当前选中的操作步骤，单击【是】按钮即可删除指定的操作步骤。

图 1-108　创建新快照　　　　图 1-109　删除操作步骤

使用【历史记录】面板还可以还原被撤销的操作步骤，只需单击操作步骤中位于最后的操作步骤，即可将其前面的所有操作步骤（包括单击的该操作步骤）还原。还原被撤销操作步骤的前提是，在撤销该操作步骤后没有执行其他新的操作步骤，否则将无法恢复被撤销的操作步骤。

1.8　实例演练

本章的实例演练为制作饮品广告，用户通过练习从而巩固本章所学知识。

【例 1-5】 制作饮品广告。 📹视频

(1) 选择【文件】|【新建】命令，或按 Ctrl+N 快捷键，打开【新建文档】对话框。在对话框中单击【打印】选项，在其下方的选项组中单击 A4 选项。再单击【方向】选项组中的【横向】按钮，然后单击【创建】按钮，创建新文档，如图 1-110 所示。

(2) 选择【文件】|【置入嵌入对象】命令，在打开的【置入嵌入的对象】对话框中找到所需素材，单击【置入】按钮，如图 1-111 所示。

图 1-110　新建文档　　　　　图 1-111　【置入嵌入的对象】对话框

(3) 将鼠标移动到素材右上角处，按住 Alt 键的同时按住鼠标左键向右上角拖动放大素材，如图 1-112 所示。然后双击或按 Enter 键，此时定界框消失，完成置入操作。

(4) 使用相同的操作方法，置入其他素材，如图 1-113 所示。

图 1-112　放大置入的素材

图 1-113　置入其他素材

(5) 选择【文件】|【存储】命令，打开【存储为】对话框。在该对话框的【文件名】文本框中输入"饮品广告"，在【保存类型】下拉列表中选择 TIFF 格式，然后单击【保存】按钮。在弹出的【TIFF 选项】对话框中，单击【确定】按钮，如图 1-114 所示。

图 1-114　存储文件

1.9　习题

1. 手动恢复 Photoshop 默认的快捷键设置状态。

2. 如何减少内存占用量，提高 Photoshop 运行效率？

3 根据素材图像制作如图 1-115 所示的网店商品主图。

图 1-115　图像效果

第 2 章
图像文件的基础操作

通过上一章的学习，我们已经学会在 Photoshop 中打开图像或创建新文件，并能够添加一些素材元素。本章主要学习一些最基本的操作。Photoshop 中所有元素都是放置在图层上的，所以在学习其他操作之前必须充分理解图层的概念，并熟练掌握图层的基本操作方法。同时，在此基础上学习裁剪、移动、复制、变形图像的方法等。

➡ 本章重点

- ● 调整图像的尺寸及方向
- ● 掌握【图层】的基本操作
- ● 画板的应用
- ● 变换与变形

➡ 二维码教学视频

- 【例 2-1】 使用【透视裁剪】工具
- 【例 2-2】 制作整齐版式
- 【例 2-3】 使用【透视变形】命令
- 【例 2-4】 使用【自动对齐图层】命令
- 【例 2-5】 使用【自动混合图层】命令
- 【例 2-6】 制作电影节海报

2.1 调整图像的尺寸及方向

当图像的尺寸及方向无法满足要求时，就需要进行调整。如上传证件照到网上报名系统，要求文件大小在 200KB 以内；或将相机拍摄的照片作为手机壁纸，需要将横版照片裁剪为竖版照片。

2.1.1 调整图像尺寸

要想调整图像尺寸，可以使用【图像大小】命令来完成。选择需要调整尺寸的图像文件，选择【图像】|【图像大小】命令，打开如图 2-1 所示的【图像大小】对话框。该对话框中的【尺寸】选项用于显示当前文档的尺寸。单击✓按钮，在弹出的下拉列表中可以选择尺寸单位，如图 2-2 所示。

图 2-1　【图像大小】对话框　　　　　　　图 2-2　【尺寸】选项

如果要修改图像的像素大小，可以在【调整为】下拉列表中选择预设的图像大小，如图 2-3 所示。也可以在下拉列表中选择【自定】选项，然后在【宽度】【高度】和【分辨率】数值框中输入数值，如图 2-4 所示。默认情况下选中【约束长宽比】按钮，修改【宽度】或【高度】数值时，另一个数值也会随之发生变化。修改像素大小后，新的图像大小会显示在【图像大小】对话框的顶部，原文件大小显示在括号内。【约束长宽比】按钮适用于将图像尺寸限定在某个范围内的情况。最后单击【确定】按钮，即可修改图像大小。

图 2-3　【调整为】选项　　　　　　　图 2-4　自定义图像大小

2.1.2 修改画布大小

画布是指图像文件可编辑的区域，对画布的尺寸进行调整可以在一定程度上影响图像尺寸的大小。使用【画布大小】命令，可以增大或减小图像的画布。增大画布会在现有图

像画面周围添加空间；减小图像的画布会裁剪图像画面。选择【图像】|【画布大小】命令，打开如图 2-5 所示的【画布大小】对话框。在打开的【画布大小】对话框中，上方显示了图像文件当前的宽度和高度。

图 2-5　【画布大小】对话框

　　在【新建大小】选项组中重新设置，可以改变图像文件的宽度、高度和度量单位，如图 2-6 所示。在【宽度】和【高度】数值框中输入数值，可以设置修改后的画布尺寸。如果选中【相对】复选框，【宽度】和【高度】数值代表实际增加或减少的区域大小，而不代表文档的大小。输入正值表示增大画布，输入负值则表示减少画布。

　　在【定位】选项中，单击方向按钮可设置当前图像在新画布上的位置，如图 2-7 所示。

图 2-6　【新建大小】选项组　　　　　　　　　　图 2-7　设置定位

　　当【新建大小】大于【当前大小】时，可以在【画布扩展颜色】下拉列表中设置扩展区域的填充色，如图 2-8 所示。最后单击【确定】按钮应用修改。如果【新建大小】小于【当前大小】时，会打开询问对话框，提示用户若要减小画布必须将原图像文件进行裁切。单击【继续】按钮将改变画布大小，同时将裁剪部分图像。

图 2-8　画布扩展颜色

2.1.3 使用【裁剪】工具

使用【裁剪】工具可以裁剪掉多余的图像范围，并重新定义画布的大小。选择【裁剪】工具后，在画面中调整裁剪框，以确定需要保留的部分，或拖动出一个新的裁切区域，然后按 Enter 键或双击完成裁剪。

选择【裁剪】工具，此时画板边缘会显示控制点，如图 2-9 所示。接着在画面中按住鼠标左键并拖动鼠标，创建一个需要保留的区域，如图 2-10 所示，释放鼠标则完成裁剪框的绘制。

图 2-9　选择【裁剪】工具　　　　　　　　图 2-10　创建保留区域

用户对绘制的裁剪框不满意时，还可以对这个区域进行调整。将光标移到裁剪框的边缘或四角处，按住鼠标左键并拖动鼠标，即可调整裁剪框的大小，如图 2-11 所示。

若要旋转裁剪框，将光标放置在裁剪框外侧，当光标变为带弧线的箭头形状时，按住鼠标左键并拖动鼠标即可，如图 2-12 所示。调整完成后，按 Enter 键确认。

图 2-11　调整裁剪框大小　　　　　　　　图 2-12　旋转裁剪框

如图 2-13 所示，在选项栏的【比例】下拉列表中，可以选择多种预设的裁切比例选项，然后在右侧的数值框中输入比例数值。如果想要按照特定的尺寸进行裁剪，则可以在该下拉列表中选择【宽 × 高 × 分辨率】选项，在右侧数值框中输入宽度、高度和分辨率的数值，如图 2-14 所示。要想随意裁剪，则需要单击【清除】按钮，清除长宽比。

> 🖱 **提示**
>
> 单击选项栏中的【叠加选项】按钮，在该下拉列表中可以选择裁剪的参考线的方式，包括三等分、网格、对角、三角形、黄金比例、金色螺线等，也可以设置参考线的叠加显示方式。

图 2-13 预设裁剪比例 　　　　图 2-14 按照特定尺寸裁剪

在选项栏中单击【拉直】按钮，在图像上按住鼠标左键拖曳出一条直线，释放鼠标后，即可通过将这条线校正为直线来拉直图像，如图 2-15 所示。

图 2-15 拉直图像

如果在选项栏中选中【删除裁剪的像素】复选框，裁剪后会彻底删除裁剪框外的像素，如图 2-16 所示。如果取消选中该复选框，多余的区域可以处于隐藏状态；如果想要还原裁剪之前的画面，只需要再次使用【裁剪】工具，然后随意操作即可看到原文档，如图 2-17 所示。

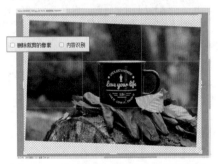

图 2-16 选中【删除裁剪的像素】　　 图 2-17 取消选中【删除裁剪的像素】
　　　　　　复选框　　　　　　　　　　　　　复选框

2.1.4 使用【透视裁剪】工具

使用【透视裁剪】工具可以在对图像进行裁剪的同时，调整图像的透视效果。它常用于去除图像中的透视感，也可以为图像添加透视感。

【例2-1】 使用【透视裁剪】工具编辑图像。 ⊙视频

(1) 打开一幅带透视感的图像，选择【透视裁剪】工具，在画面相应的位置单击。接着沿图像边缘以单击的方式绘制透视裁剪框。将鼠标光标移至透视裁剪框的控制点，按住鼠标左键并拖曳鼠标，即可调整控制点位置，如图2-18所示。

(2) 透视裁剪框调整完成后，按Enter键完成裁剪，这时可以看到原本带有透视感的对象被调整为了平面，如图2-19所示。

图 2-18　使用【透视裁剪】工具 　　图 2-19　裁剪图像

2.1.5　使用【裁剪】与【裁切】命令

【裁剪】命令与【裁切】命令都可以对画布大小进行调整。【裁剪】命令可以基于选区或裁剪框裁剪画布，【裁切】命令可以根据像素颜色差别裁剪画布。打开一幅图像，使用【矩形选框】工具绘制一个选区，然后选择【图像】|【裁剪】命令，此时选区以外的像素被裁剪掉，如图2-20所示。

图 2-20　使用【裁剪】命令

在不包含选区的情况下，选择【图像】|【裁切】命令，在打开的【裁切】对话框中，可以选择基于哪个位置的像素颜色进行裁切，然后设置裁切的位置。若选中【左上角像素颜色】单选按钮，则将画面中与左上角颜色相同的像素裁切掉，如图2-21所示。

图 2-21　使用【裁切】命令

【裁切】命令还可以用来裁切透明像素。选择【图像】|【裁切】命令，在打开的【裁切】对话框中，选中【透明像素】单选按钮，然后单击【确定】按钮，可以看到画面中透明像素被裁减掉，如图 2-22 所示。

图 2-22　裁切透明像素

2.1.6　旋转画布

使用相机拍摄照片时，有时会由于相机的持握角度使照片产生横向或竖向效果。若想调整照片方向，可以通过【图像】|【图像旋转】命令的子菜单中的相应命令来解决。选择【图像】|【图像旋转】|【任意角度】命令，打开如图 2-23 所示的【旋转画布】对话框。

在打开的【旋转画布】对话框中输入特定的旋转角度，并设置旋转方向为【度顺时针】或【度逆时针】。旋转之后，画面中多余的部分被填充为当前的背景色，如图 2-24 所示。

图 2-23　【旋转画布】对话框　　　　图 2-24　指定旋转角度

2.2　图层的基本操作

在 Photoshop 中若要对图像进行编辑，就必须对图层有所认识。图层是 Photoshop 中一个非常重要的概念。Photoshop 中的图像可以由多个图层和多种图层组成。图层是实现在 Photoshop 中绘制和处理图像的基础。把图像文件中的不同部分分别放置在不同的独立图层上，这些图层就好像带有图像的透明拷贝纸，互相堆叠在一起。用户可以自由地更改文档的外观和布局，而且这些更改结果不会互相影响。在绘图、使用滤镜或调整图像时，这些操作只影响所处理的图层。如果对某一图层的编辑结果不满意，还可以放弃这些修改，重新再做，其他图层不会受到影响。

对图层的操作都是在【图层】面板上完成的。在 Photoshop 中，打开一个图像文件，选择【窗口】|【图层】命令，或按下 F7 键，可以打开如图 2-25 所示的【图层】面板。【图层】面板用于创建、编辑和管理图层，以及为图层添加样式等。【图层】面板中列出了所有的图层、图层组和图层效果。如果要对某一图层进行编辑，首先需要在【图层】面板中单击选中该图层。所选中的图层称为当前图层。单击【图层】面板右上角的面板菜单按钮，可以打开【图层】面板菜单。

图 2-25　【图层】面板

在【图层】面板中有一些功能设置按钮与选项，通过设置它们可以直接对图层进行相应的编辑操作。使用这些按钮等同于执行【图层】面板菜单中的相关命令。

▽ 【设置图层混合模式】：用来设置当前图层的混合模式，可以混合所选图层中的图像与下方所有图层中的图像。

▽ 【设置图层不透明度】：用于设置当前图层中图像的整体不透明度。

▽ 【设置填充不透明度】：用于设置图层中图像的不透明度。该选项主要用于图层中图像的不透明度设置，对于已应用于图层的图层样式将不产生任何影响。

▽ 【锁定】按钮组：用来锁定当前图层的属性，包括图像像素、透明像素和位置等。

▽ 【图层显示标志】 ● ：用于显示或隐藏图层。

▽ 【链接图层】按钮 ∞ ：可将选中的两个或两个以上的图层或组进行链接。链接后的图层或组可以同时进行相关操作。

▽ 【添加图层样式】按钮 fx ：用于为当前图层添加图层样式效果。单击该按钮，将弹出命令菜单，从中可以选择相应的命令，为图层添加特殊效果。

▽ 【添加图层蒙版】按钮 ▣ ：单击该按钮，可以为当前图层添加图层蒙版。

▽ 【创建新的填充或调整图层】按钮 ● ：用于创建调整图层。单击该按钮，在弹出的菜单中可以选择所需的调整命令。

▽ 【创建新组】按钮 ▢ ：单击该按钮，可以创建新的图层组。创建的图层组可以包含多个图层。包含的图层可作为一个对象，进行查看、复制、移动和调整顺序等操作。

▽ 【创建新图层】按钮 ▢ ：单击该按钮，可以创建一个新的空白图层。

▽ 【删除图层】按钮 🗑 ：单击该按钮，可以删除当前图层。

2.2.1　选择图层

使用 Photoshop 进行设计的过程中，文档经常会包含很多图层，如果要对某个图层进行编辑操作，就必须先正确选中该图层。在 Photoshop 中，用户可以选择单个图层，也可以选择连续或非连续的多个图层。

在【图层】面板中单击一个图层，即可将其选中。如果要选择多个连续的图层，可以先选择位于连续一端的图层，然后按住 Shift 键并单击位于连续另一端的图层，即可选择这些连续的图层，如图 2-26 所示。

如果要选择多个非连续的图层，可以选择其中一个图层，然后按住 Ctrl 键并单击其他图层名称，如图 2-27 所示。

图 2-26　选择多个连续图层　　　　　图 2-27　选择多个非连续图层

如果要选择所有图层，可选择【选择】|【所有图层】命令，或按 Alt+Ctrl+A 快捷键。需要注意的是，使用该命令只能选择【背景】图层以外的所有图层。

选择一个链接的图层后，选择【图层】|【选择链接图层】命令，可以选择与之链接的所有图层，如图 2-28 所示。

图 2-28　选择链接图层

提示

选择一个图层后，按 Alt+] 快捷键可将当前选中图层切换为与之相邻的上一个图层；按 Alt+[快捷键可以将当前选中图层切换为与之相邻的下一个图层。

如果用户不想选择图层，可选择【选择】|【取消选择图层】命令，也可在【图层】面板的空白处单击，取消选择图层。

提示

如果【图层】面板中有两个或两个以上的图层，按住 Alt 键单击图层左侧的 ● 图标，可以快速隐藏该图层以外的所有图层；按住 Alt 键再次单击该图标，可显示被隐藏的图层。

2.2.2　新建图层

要向图像中添加一些元素时，可以创建新的图层，这样能够避免编辑失误而对原图产生影响。在【图层】面板底部单击【创建新图层】按钮 ，即可在当前图层的上一层新建一个图层，如图 2-29 所示。当新建图层较多时，很难分辨图层内容，为了便于管理，用户可以对已有的图层进行重命名。将光标移至图层名称处并双击，图层名称便处于激活的状态，接着输入新名称，按 Enter 键确定，如图 2-30 所示。

图 2-29　新建图层

图 2-30　修改图层名称

用户也可以在新建图层时，对图层进行设置。按住 Alt 键并单击【图层】面板底部的【创建新图层】按钮，打开【新建图层】对话框。在该对话框中进行设置后，单击【确定】按钮即可创建新图层，如图 2-31 所示。

图 2-31　新建图层

2.2.3　复制图层

Photoshop 提供了多种复制图层的方法。在复制图层时，可以在同一个图像文件内复制任何图层，也可以复制选择的图层至另一个图像文件中。选中需要复制的图层后，按 Ctrl+J 快捷键可以快速复制所选图层，如图 2-32 所示。

如果想要将一个图层复制到另一个图层的上方（或下方），可以将光标放置在【图层】面板内需要复制的图层上，按住 Alt 键，将其拖到目标位置，当出现突出显示的蓝色双线时，放开鼠标即可，如图 2-33 所示。

图 2-32　复制图层

图 2-33　移动复制图层

用户还可以单击【图层】面板右上角的面板菜单按钮，在弹出的面板菜单中选择【复制图层】命令，或在需要复制的图层上右击，从打开的快捷菜单中选择【复制图层】命令，然后在打开的【复制图层】对话框中设置所需参数，即可复制图层，如图 2-34 所示。

图 2-34　使用【复制图层】对话框复制图层

【复制图层】对话框中主要选项说明如下。

▽ 在【为】文本框中可以输入复制图层的名称。

▽ 在【文档】下拉列表中选择其他打开的文档，可以将图层复制到目标文档中，如果选择【新建】选项，则可以设置文档的名称，将图层内容创建为新建的文件。

还可以利用菜单栏中的【编辑】|【拷贝】和【粘贴】命令，在同一个图像或不同图像间复制图层；也可以选择【移动】工具，拖动需要移动的图层至目标图像文件中，如图 2-35 所示。

图 2-35　不同图像间复制图层

2.2.4　删除图层

在处理图像的过程中，对于一些不使用的图层，虽然可以通过隐藏图层的方式取消它们对图像整体显示效果的影响，但是它们仍然存在于图像文件中，并且占用一定的磁盘空间。因此，用户可以根据需要及时删除【图层】面板中不需要的图层，以精简图像文件。要删除图层可以使用以下几种方法。

▽ 选择需要删除的图层，将其拖至【图层】面板底部的【删除图层】按钮上，释放鼠标，即可删除所选择的图层；也可以按键盘上的 Delete 键，将其直接删除。

▽ 选择需要删除的图层，选择【图层】|【删除】|【图层】命令，即可删除所选图层。

▽ 选择需要删除的图层，右击，从弹出的快捷菜单中选择【删除图层】命令，在弹出的信息提示框中单击【是】按钮，即可删除所选择的图层。用户也可以选中图层后，直接单击【删除图层】按钮，在弹出的信息提示框中单击【是】按钮，即可删除所选择的图层。

▽ 选择【图层】|【删除】|【隐藏图层】命令，可以删除所有隐藏的图层。

2.2.5 调整图层顺序

在【图层】面板中，位于上方的图层会遮挡住下方的图层。默认状态下，图层是按照创建的先后顺序堆叠排列的，即新创建的图层总是在当前所选图层的上方。

打开素材图像文件，将光标放在一个图层上方，单击并将其拖到另一个图层的下方，当出现突出显示的蓝色横线时，放开鼠标，即可将其调整到该图层的下方，如图 2-36 所示。由于图层的堆叠结构决定了上方的图层会遮盖下方的图层，因此，改变图层顺序会影响图像的显示效果。

图 2-36　调整图层顺序

如果用命令操作，需要先单击图层将其选中，然后选择【图层】|【排列】命令的子菜单中的命令，如图 2-37 所示，可以将该图层调整到特定的位置。

图 2-37　【排列】命令

提示

选择一个图层后，用户还可以通过快捷键快速调整图层的排列顺序。选中图层后，按 Shift+Ctrl+] 快捷键可将该图层置为顶层，按 Shift+Ctrl+[快捷键可将该图层置为底层；按 Ctrl+] 快捷键可将该图层前移一层，按 Ctrl+[快捷键可将该图层后移一层。

▽ 【置为顶层】/【置为底层】：将所选图层调整到【图层】面板的最顶层或最底层（仍在【背景】图层上方）。如果选择的图层位于图层组中，选择【置为顶层】和【置为底层】命令时，可以将图层调整到当前图层组的最顶层或最底层。

▽ 【前移一层】/【后移一层】：将所选图层向上或向下移动一个堆叠顺序。

▽ 【反向】：在【图层】面板中选择多个图层后，选择该命令可以反转它们的堆叠顺序。

2.2.6 移动图层

如果要调整图层的位置，可以使用【移动】工具来实现。如果要调整图层中部分内容的位置，可以使用选区工具绘制出特定范围，然后使用【移动】工具进行移动。

1. 使用【移动】工具

在【图层】面板中选择需要移动的图层，然后选择【移动】工具，在画面中按住鼠标左键并拖曳，该图层位置就会发生变化，如图 2-38 所示。在使用【移动】工具移动对象的过程中，按住 Shift 键可以沿水平或垂直方向移动对象。

图 2-38　使用【移动】工具

在【移动】工具选项栏中，选中如图 2-39 所示的【自动选择】复选框时，如果文档中包含多个图层或图层组，可以在后面的下拉列表中选择要移动的对象。如果选择【图层】选项，使用【移动】工具在画布中单击时，可以自动选择【移动】工具下面包含像素的最顶层的图层；如果选择【组】选项，在画布中单击时，可以自动选择【移动】工具下面包含像素的最顶层的图层所在的图层组。选中【显示变换控件】复选框后，选择一个图层时，就会在图层内容的周围显示定界框。通过定界框可以进行缩放、旋转、切变等操作，变换完成后按 Enter 键确认。

2. 移动并复制

在使用【移动】工具移动图像时，按住 Alt 键拖曳图像，即可复制图层，如图 2-40 所示。当图像中存在选区时，按住 Alt 键的同时拖曳选区中的内容，则会在该图层内部复制选中的部分。

图 2-39　选中【自动选择】复选框　　　　图 2-40　移动并复制图像

2.2.7　对齐图层

在版面的编排中，经常需要对元素进行对齐。使用【对齐】功能可以将多个图层对象排列整齐。在对图层操作之前，先要选择图层，在此按住 Ctrl 键选择多个需要对齐的图层，如图 2-41 所示。

图 2-41　选择需要对齐的图层

接着选择【移动】工具，在其选项栏中单击对应的对齐按钮，即可进行对齐，如图 2-42 所示。

图 2-42　对齐图层

▽ 【左对齐】按钮▣：单击该按钮，可以将所有选中的图层最左端的像素与基准图层最左端的像素对齐。

▽ 【水平居中对齐】按钮▮：单击该按钮，可以将所有选中的图层水平方向的中心像素与基准图层水平方向的中心像素对齐。

▽ 【右对齐】按钮▣：单击该按钮，可以将所有选中的图层最右端的像素与基准图层最右端的像素对齐。

▽ 【顶对齐】按钮▮：单击该按钮，可以将所有选中的图层最顶端的像素与基准图层最上方的像素对齐。

▽ 【垂直居中对齐】按钮▮：单击该按钮，可以将所有选中的图层垂直方向的中间像素与基准图层垂直方向的中心像素对齐。

▽ 【底对齐】按钮▮：单击该按钮，可以将所有选中的图层最底端的像素与基准图层最下方的像素对齐。

2.2.8　分布图层

使用分布图层功能，可以均匀分布图层和组，使图层对象或组对象之间按照指定的距离或对齐点进行自动分布。

使用【分布】命令时，必须先选中 3 个或 3 个以上的需要进行分布的图层，如图 2-43 所示。选择【移动】工具，在其选项栏中单击【垂直分布】按钮▤，可以均匀分布多个图层的垂直方向的间隔。单击【水平分布】按钮[图]，可以均匀分布图层水平间隔，如图 2-44 所示。

图 2-43　选中需要分布的图层

图 2-44　水平分布图层

▽　【按顶分布】按钮 [图]：单击该按钮，可以从每个图层的顶端像素开始，间隔均匀地分布图层。

▽　【垂直居中分布】按钮 [图]：单击该按钮，可以从每个图层的垂直中心像素开始，间隔均匀地分布图层。

▽　【按底分布】按钮 [图]：单击该按钮，可以从每个图层的底端像素开始，间隔均匀地分布图层。

▽　【按左分布】按钮 [图]：单击该按钮，可以从每个图层的左端像素开始，间隔均匀地分布图层。

▽　【水平居中分布】按钮 [图]：单击该按钮，可以从每个图层的水平中心像素开始，间隔均匀地分布图层。

▽　【按右分布】按钮 [图]：单击该按钮，可以从每个图层的右端像素开始，间隔均匀地分布图层。

图 2-45　更多分布按钮

单击选项栏中的 [图] 按钮，在弹出的下拉面板中可以看到更多的分布按钮，如图 2-45 所示，单击相应按钮即可进行分布。

【例 2-2】　制作整齐版式。📽️ 视频

(1) 选择【文件】|【打开】命令，打开所需的图像文件，如图 2-46 所示。

(2) 选择【移动】工具，按住 Alt+Ctrl+Shift 快捷键，移动并复制出另外 3 张照片，如图 2-47 所示。

图 2-46　打开图像

图 2-47　移动并复制图像

(3) 在【图层】面板中选中所有证件照图像图层，并在选项栏中单击【水平分布】按钮⯗分布图像，如图 2-48 所示。

(4) 按 Alt+Ctrl+Shift 快捷键，同时使用【移动】工具向下移动并复制 4 张证件照图像，如图 2-49 所示，完成证件照版式的制作。

图 2-48　分布图像

图 2-49　移动并复制图像

2.2.9　合并图层

合并图层是指将所有选中的图层合并成一个图层。要想合并【图层】面板中的多个图层，可以在【图层】面板菜单中选择相关的合并命令。

▽ 【向下合并】命令：选择该命令，或按 Ctrl+E 快捷键，可合并当前选择的图层与位于其下方的图层，合并后会以选择的图层下方的图层名称作为新图层的名称。

▽ 【合并可见图层】命令：选择该命令，或按 Shift+Ctrl+E 快捷键，可以将【图层】面板中所有的可见图层合并至当前选择的图层中，如图 2-50 所示。

▽ 【拼合图层】命令：选择该命令，可以合并当前所有的可见图层，并且删除【图层】面板中的隐藏图层。在删除隐藏图层的过程中，会打开如图 2-51 所示的系统提示对话框，单击其中的【确定】按钮即可完成图层的合并。

图 2-50　合并可见图层

图 2-51　提示对话框

除合并图层外，用户还可以盖印图层。盖印图层操作可以将多个图层的内容合并为一个目标图层，并且同时保持合并的原图层独立、完好。盖印图层可以通过以下两种方法完成。

▽ 按 Ctrl+Alt+E 快捷键，可以将选定的图层内容合并，并创建一个新图层。

▽ 按 Shift+Ctrl+Alt+E 快捷键，可以将【图层】面板中所有的可见图层内容合并到新建图层中。

2.2.10　栅格化图层

在 Photoshop 中新建的图层，除普通图层外，还有几种特殊的图层，如使用文字工具创建的文字图层、置入智能对象后的智能对象图层、使用矢量工具创建的形状图层、使用 3D 功能创建的 3D 图层等。这些特殊图层可被移动、旋转、缩放，但不能对其内容进行编辑。要想编辑这些特殊图层的内容，就需要将其转换为普通图层。

栅格化图层就是将特殊图层转换为普通图层的过程。选择需要栅格化的图层，然后选择【图层】|【栅格化】命令子菜单中的相应命令，或在【图层】面板中右击该图层，在弹出的快捷菜单中选择【栅格化图层】命令，即可将选中的图层转换为普通图层。

2.2.11　使用图层组管理图层

在 Photoshop 中制作复杂的图像效果时，使用图层组功能可以方便地对大量的图层进行统一管理，如统一设置不透明度、颜色混合模式等。

在图像文件中，不仅可以从选定的图层创建图层组，还可以创建嵌套结构的图层组。创建图层组的方法非常简单，只需单击【图层】面板底部的【创建新组】按钮 □，即可在当前选择图层的上方创建一个空白的图层组，如图 2-52 所示。

在【图层】面板中先选中需要编组的图层，然后在面板菜单中选择【从图层新建组】命令，再在打开的如图 2-53 所示的【从图层新建组】对话框中设置新建组的参数选项，如名称、颜色和模式等。用户也可以选择需要编组的图层，按住鼠标左键将其拖至【创建新组】按钮上，释放鼠标，则以所选图层创建图层组。

图 2-52　创建图层组

图 2-53　【从图层新建组】对话框

选择一个或多个图层，按住鼠标左键将其拖到图层组内，释放鼠标即可将选中图层移到图层组中，如图 2-54 所示。选择图层组中的图层，将其拖至图层组外，释放鼠标，即可将图层组中的图层移出图层组，如图 2-55 所示。图层组中还可以嵌套其他图层组，将创建好的图层组移至其他图层组中，即可创建出嵌套图层组。

> **提示**
>
> 　　如果要释放图层组，则在选中图层组后，右击，在弹出的快捷菜单中选择【取消图层编组】命令，或按 Shift+Ctrl+G 快捷键即可。

图 2-54　将图层移入图层组　　　　　图 2-55　将图层移出图层组

2.3　画板的应用

使用画板功能可以在一个文档中创建多个画板，这样既方便多页面的同步操作，也能很好地观看整体效果。

2.3.1　从图层新建画板

在 Photoshop 中打开一幅图像，默认情况下文档中是不带画板的。如果想要创建一个与当前画面等大的画板，可以选择【图层】|【新建】|【来自图层的画板】命令。

打开一个图像文档，在【图层】面板中，选择要放置在画板中的普通图层，如图 2-56 所示。选择【图层】|【新建】|【来自图层的画板】命令，或在图层上单击鼠标右键，在弹出的快捷菜单中选择【来自图层的画板】命令，打开【从图层新建画板】对话框。在【名称】

文本框中可以为画板命名，在【宽度】与【高度】数值框中可以输入数值，单击【确定】按钮，即可新建一个画板，如图 2-57 所示。如果直接单击【确定】按钮，可以创建与当前选中图层等大的新画板。

在【图层】面板中选择画板，右击，从弹出的快捷菜单中选择【取消画板编组】命令，即可取消画板，如图 2-58 所示。

图 2-56　选择图层

图 2-57　【从图层新建画板】对话框　　　图 2-58　选择【取消画板编组】命令

2.3.2　使用【画板】工具

选择【画板】工具 ，在选项栏中设置画板的【宽度】与【高度】数值，单击【添加新画板】按钮 ，然后使用【画板】工具在文档窗口空白区域中单击，即可根据设置新建画板，如图2-59所示。按住鼠标左键并拖动画板定界框上的控制点，可以调整画板的大小。

图 2-59　新建画板

在【画板】工具的选项栏中可以更改画板的纵横。如果当前画板是横版，单击选项栏中的【制作纵版】按钮 ，即可将横版更改为纵版；反之，如果当前画板是纵版，单击【制作横版】按钮 ，即可将纵版更改为横版，如图 2-60 所示。

图 2-60　更改画板的纵横

单击画板边缘的【添加新画板】图标 ，可以新建一个与当前画板等大的新画板；或按住 Alt 键并单击【添加新画板】图标，可以新建画板，同时复制画板中的内容，如图2-61所示。

图 2-61　新建画板并复制画板中的内容

选择【画板】工具，将光标移至画板定界框上，然后按住鼠标左键并拖动，即可移动画板，如图 2-62 所示。

图 2-62　移动画板

<h1>2.4　变换与变形</h1>

在【编辑】菜单中，提供了多种对图层进行变换、变形的命令，包括【自由变换】【内容识别缩放】【操控变形】【透视变形】【自动对齐图层】和【自动混合图层】命令。

2.4.1　自由变换

在编辑过程中，经常需要调整普通图层中对象的大小、角度，有时还需要对图层中的对象进行扭曲、变形等操作，这些都可以通过【自由变换】命令来实现。选中需要变换的图层，选择【编辑】|【自由变换】命令，或按 Ctrl+T 快捷键，此时图层对象周围会显示一个定界框，4 个角点处及 4 条边框的中间都有控制点，如图 2-63 所示。完成变换后，按 Enter 键确认。如果要取消正在进行的变换操作，可以按 Esc 键取消。

1. 调整中心点位置

默认情况下，中心点位于定界框的中心位置，它用于定义对象的变换中心，拖动它可以移动对象的位置。拖动控制点则可以进行变换操作。要想设置定界框的中心点位置，只需移动光标至中心点上，当光标显示为 形状时，进行拖动即可将中心点移到任意位置，如图 2-64 所示。用户也可以在选项栏中单击 图标上不同的点位置，来改变中心点的位置。 图标上各个点和定界框上的各个点一一对应。

图 2-63　使用【自由变换】命令　　　　　图 2-64　调整中心点位置

2. 放大、缩小

选中需要变换的图层，按 Ctrl+T 快捷键，显示定界框。默认情况下，选项栏中的【水平缩放】和【垂直缩放】处于约束状态。此时拖动控制点，可以对图层进行等比例的放大或缩小。单击选项栏中的 ∞ 按钮，使长宽比处于不锁定的状态，可以进行非等比缩放。如果按住 Alt 键的同时，拖动定界框 4 个角点处的控制点，能够以中心点作为缩放中心进行缩放，如图 2-65 所示。在长宽比锁定的状态下，按住 Shift 键并拖动控制点可以进行非等比缩放。在长宽比不锁定的状态下，按住 Shift 键并拖动控制点，可以进行等比缩放。

3. 旋转

将光标移至控制点外侧，当其变为弧形的双箭头形状后，按住鼠标左键并拖动即可进行旋转操作，如图 2-66 所示。在旋转过程中，按住 Shift 键，可以以 15° 为增量进行旋转。

图 2-65　缩放　　　　　　　　　　　　　　图 2-66　旋转

4. 斜切

在自由变换状态下，右击，在弹出的快捷菜单中选择【斜切】命令，然后按住鼠标左键并拖动控制点，即可在任意方向上倾斜图像，如图 2-67 所示。如果移动光标至角控制点上，按下鼠标并拖动，可以在保持其他 3 个角控制点位置不动的情况下对图像进行倾斜变换操作。如果移动光标至边控制点上，按下鼠标并拖动，可以在保持与选择边控制点相对的定界框边不动的情况下进行图像倾斜变换操作。

5. 扭曲

在自由变换状态下，右击，在弹出的快捷菜单中选择【扭曲】命令，可以任意拉伸对象定界框上的 8 个控制点以进行自由扭曲变换操作，如图 2-68 所示。

图 2-67　斜切　　　　　　　　　　　　　　图 2-68　扭曲

6. 透视

在自由变换状态下，右击，在弹出的快捷菜单中选择【透视】命令，可以对变换对象应用单点透视。拖动定界框4个角上的控制点，可以在水平或垂直方向上对图像应用透视，如图2-69所示。

图 2-69　透视

7. 变形

在自由变换状态下，右击，在弹出的快捷菜单中选择【变形】命令，拖动网格线或控制点，即可进行变形操作，如图2-70所示。在其选项栏中，【拆分】选项用来创建变形网格线，包含【交叉拆分变形】【垂直拆分变形】和【水平拆分变形】3种方式。单击【交叉拆分变形】按钮，将光标移到定界框内并单击，即可同时创建水平和垂直方向的变形网格线。接着拖动控制点即可进行变形，如图2-71所示。

图 2-70　变形　　　　　　　　　　　　　　图 2-71　拆分变形

单击【网格】按钮，在该下拉列表中能够选择网格的数量，如选择3×3，即可看到相应的网格线。拖动控制点可以进行更加细致的变形操作，如图2-72所示。

单击【变形】按钮，在该下拉列表中有多种预设的变形方式。单击选择一种变形方式后，在选项栏中可以更改【弯曲】、H和V的参数，如图2-73所示。

图 2-72　变形操作　　　　　　　　　　　图 2-73　预设变形

8. 旋转命令

在自由变换状态下，右击，在弹出的快捷菜单底部有5个旋转命令，即【旋转180度】【旋转90度（顺时针）】【旋转90度（逆时针）】【水平翻转】和【垂直翻转】命令。使用这些命令，可以直接对图像进行变换，不会显示定界框，如图2-74所示。选择【旋转180度】命令，可以将图像旋转180度；选择【旋转90度（顺时针）】命令，可以将图像顺时针旋转90度；选择【旋转90度（逆时针）】命令，可以将图像逆时针旋转90度；选择【水平翻转】命令，可以将图像在水平方向上进行翻转；选择【垂直翻转】命令，可以将图像在垂直方向上进行翻转。

原图

旋转 180 度

旋转 90 度（顺时针）

旋转 90 度（逆时针）

水平翻转

垂直翻转

图 2-74　旋转命令

9. 复制并重复上一次变换

若要制作一系列变换规律相似的元素，可以使用【复制并重复上一次变换】命令来完成。在使用该命令之前，需要先设定好一个变换规律。

复制一个图层，使用 Ctrl+T 快捷键应用【自由变换】命令，显示定界框，然后调整【中心点】的位置，接着进行旋转或缩放操作，如图 2-75 所示。按下 Enter 键确定变换操作，然后多次按 Shift+Ctrl+Alt+T 快捷键，可以得到一系列按照上一次变换规律进行变换的图形，如图 2-76 所示。

图 2-75　自由变换

图 2-76　复制并重复上一次变换

2.4.2 内容识别缩放

内容识别缩放可在不更改重要可视内容（如人物、建筑、动物等）的情况下调整图像大小。常规缩放在调整图像大小时会统一影响所有像素，而内容识别缩放主要影响没有重要可视内容的区域中的像素。内容识别缩放可以放大或缩小图像，以改善合成效果、适合版面或更改方向。如果要在调整图像大小时使用一些常规缩放，则可以指定内容识别缩放与常规缩放的比例。

如果是缩放图像背景，选择【编辑】|【内容识别缩放】命令，显示定界框，如图 2-77 所示。在选项栏中取消选中【保持长宽比】按钮，接着拖动控制点可以进行不等比的缩放，随着缩小可以看到画面中的主体未发生变形，而背景部分进行了压缩，如图 2-78 所示。缩放时要最大限度地保证人物比例，可以单击选项栏中的【保护肤色】按钮。

图 2-77 使用【内容识别缩放】命令

图 2-78 压缩背景

> **提示**
>
> 【内容识别缩放】适用于处理普通图层及选区内的图像，图像可以是 RGB、CMYK、Lab 和灰度颜色模式。【内容识别缩放】不适用于处理调整图层、图层蒙版、各个通道、智能对象、3D 图层、视频图层、图层组，或者同时处理多个图层。

如果要在缩放图像时，保留特定的区域，可以在选择【内容识别缩放】命令后，选择要保护区域的 Alpha 通道，如图 2-79 所示。

图 2-79 保留特定区域缩放

2.4.3　操控变形

【操控变形】命令通常用来修改人物的动作、发型等，该功能通过可视网格，以添加控制点的方法扭曲图像。

选择需要变形的图层，选择【编辑】|【操控变形】命令，图像上将布满网格，如图 2-80 所示。在网格上单击添加"图钉"，这些"图钉"就是控制点。接下来，拖动图钉就能进行变形操作了，如图 2-81 所示。还可以按住 Shift 键单击加选图钉，然后拖曳进行变形。

图 2-80　使用【操控变形】命令　　　　　　图 2-81　变形操作

调整过程中，如果需要删除图钉，可以按住 Alt 键，将光标移到要删除的图钉上，此时光标显示剪刀图标，单击即可删除图钉。调整完成后，按 Enter 键确认。

> **提示**
>
> 图钉添加得越多，变形的效果越精确。添加图钉的位置也会影响变形的效果。添加一个图钉并拖动，可以进行移动，达不到变形的效果。添加两个图钉，会以其中一个图钉作为轴心进行旋转。

2.4.4　透视变形

在 Photoshop 中，使用【透视变形】命令可以对图像现有的透视关系进行变形。此功能对于包含直线和平面的图像，如建筑图像和房屋图像尤其有用。

【例 2-3】 使用【透视变形】命令调整图像。 🎬视频

(1) 打开一幅图像，选择【编辑】|【透视变形】命令，然后在画面中单击或按住鼠标左键并拖动，绘制透视变形网格，如图 2-82 所示。

(2) 根据透视关系拖动控制点，调整透视变形网格，如图 2-83 所示。

图 2-82　绘制透视变形网格　　　　　　图 2-83　调整透视变形网格

(3) 在另一侧按住鼠标左键并拖动，绘制透视网格，当两个透视变形网格交叉时会有高亮显示，释放鼠标后，会自动贴齐，如图 2-84 所示。

(4) 单击选项栏中的【变形】按钮，然后拖动控制点进行变形。随着控制点的调整，画面中的透视也在发生着变化，如图 2-85 所示。或单击【自动拉直接近垂直的线段】按钮，自动变形透视效果。变形完成后，单击选项栏中的【提交透视变形】按钮或按 Enter 键提交操作。接着可以使用【裁切】工具将空缺区域裁掉。

图 2-84　绘制透视网格　　　　　　　　　图 2-85　调整透视变形网格

2.4.5　自动对齐图层

选中多个图层后，选择【编辑】|【自动对齐图层】命令，可以打开【自动对齐图层】对话框。使用该功能可以根据不同图层中的相似内容自动对齐图层。用户可以指定一个图层作为参考图层，也可以让 Photoshop 自动选择参考图层。其他图层将与参考图层对齐，以便匹配的内容能够自行叠加。

【例 2-4】　使用【自动对齐图层】命令拼合图像。　视频

(1) 选择【文件】|【打开】命令，打开一个带有多个图层的图像文件。在【图层】面板中，按 Ctrl 键并单击选中【图层 1】【图层 2】和【图层 3】，如图 2-86 所示。

图 2-86　打开图像文件

(2) 选择【编辑】|【自动对齐图层】命令，打开【自动对齐图层】对话框。在该对话框中选中【拼贴】单选按钮，然后单击【确定】按钮，如图 2-87 所示。

图 2-87　自动对齐图层

▽　【自动】：通过分析源图像，应用【透视】或【圆柱】版面。

▽　【透视】：通过将源图像中的一张图像指定为参考图像来创建一致的复合图像，然后变换其他图像，以匹配图层的重叠内容。

▽　【拼贴】：对齐图层并匹配重叠内容，不更改图像中对象的形状。

▽　【圆柱】：通过在展开的圆柱上显示各个图像来减少透视版面中出现的扭曲，同时图层的重叠内容仍然相互匹配。

▽　【球面】：将图像与宽视角对齐。指定某个源图像 (默认情况下是中间图像) 作为参考图像后，对其他图像执行球面变换，以匹配重叠的内容。

▽　【调整位置】：对齐图层并匹配重叠内容，但不会变换 (伸展或斜切) 任何源图层。

▽　【晕影去除】：对导致图像边缘 (尤其是角落) 比图像中心暗的镜头缺陷进行补偿。

▽　【几何扭曲】：补偿桶形、枕形或鱼眼失真。

(3) 按 Shift+Ctrl+Alt+E 快捷键将图层拼贴效果合并到新图层中。在【图层】面板中，右击【图层 4】图层，在弹出的快捷菜单中选择【复制图层】命令。在打开的对话框的【文档】下拉列表中选择【新建】选项，在【名称】文本框中输入"合并图像"，然后单击【确定】按钮，如图 2-88 所示。

图 2-88　复制图层

(4) 在新建文档中，选择【裁剪】工具。在【裁剪】工具选项栏中单击【拉直】按钮，然后沿图像边缘拖动创建拉直线矫正图像，如图 2-89 所示。

(5) 调整图像画面中的裁剪区域，如图 2-90 所示，调整完成后单击选项栏中的【提交当前裁剪操作】按钮✓或双击鼠标左键应用裁剪。

| 图 2-89　矫正图像 | 图 2-90　调整裁剪区域 |

2.4.6　自动混合图层

【自动混合图层】命令可以自动识别画面内容，并根据需要对每个图层应用图层蒙版，以遮盖过度曝光、曝光不足的区域或内容差异。使用【自动混合图层】命令可以缝合或组合图像，从而在最终图像中获得平滑的过渡效果。

【例 2-5】　使用【自动混合图层】命令拼合图像。　🎬视频

(1) 打开一张素材图片，接着置入一幅素材图像，并将置入的图层栅格化，如图 2-91所示。

图 2-91　置入图像

(2) 按住 Ctrl 键选中两个图层，选择【编辑】|【自动对齐图层】命令，打开【自动对齐图层】对话框。在该对话框中选中【拼贴】单选按钮，然后单击【确定】按钮，如图 2-92 所示。

图 2-92　使用【自动对齐图层】命令

(3) 选择【编辑】|【自动混合图层】命令，在打开的【自动混合图层】对话框中选中【堆叠图像】单选按钮，单击【确定】按钮，如图 2-93 所示。

图 2-93　使用【自动混合图层】命令

▽　【全景图】：将重叠的图层混合成全景图。

▽　【堆叠图像】：混合每个相应区域中的最佳细节。对于已对齐的图层，该选项最适用。

2.5　实例演练

本章的实例演练主要通过制作电影节海报的综合实例操作，使用户通过练习可以巩固本章所学图层的基本知识。

【例 2-6】　制作电影节海报。📹视频

(1) 选择【文件】|【打开】命令，打开一幅图像文件，并显示网格，如图 2-94 所示。

(2) 选择【钢笔】工具，在选项栏中选择工具模式为【形状】，【填充】为黑色，然后使用【钢笔】工具绘制三角形。并在【图层】面板中设置【形状 1】的混合模式为【正片叠底】，【不透明度】数值为 30%，如图 2-95 所示。

图 2-94　打开图像　　　　　　　图 2-95　绘制图形

(3) 按 Ctrl+T 键应用【自由变换】命令，显示定界框。将中心点移至左侧边缘中央，然后在选项栏中设置【旋转】数值为 30 度，接着按 Enter 键完成旋转，如图 2-96 所示。

(4) 连续按 Alt+Shift+Ctrl+T 快捷键，旋转并复制【形状 1】中的对象，并按 Ctrl+T 键应用【自由变换】命令放大图形，如图 2-97 所示。

图 2-96　变换图形　　　　　　　　　　　图 2-97　复制并变换图形

(5) 选择【文件】|【置入嵌入对象】命令，打开【置入嵌入的对象】对话框。在对话框中，选中所需的素材图像，单击【置入】按钮，并隐藏网格，如图 2-98 所示。

图 2-98　置入图像 (1)

(6) 在【图层】面板中，选中【形状 1】图层。选择【文件】|【置入嵌入对象】命令，置入"云朵 1"素材图像文件，如图 2-99 所示。

(7) 选择【移动】工具，按 Ctrl+Alt 快捷键移动并复制刚置入的"云朵 1"图像，按 Ctrl+T 快捷键缩小图像，如图 2-100 所示。

图 2-99　置入图像 (2)　　　　　　　　　图 2-100　移动并复制图像

(8) 使用步骤 (6) 至步骤 (7) 的操作方法，添加并调整云朵素材图像，如图 2-101 所示。

图 2-101　添加并调整云朵素材图像

(9) 在【图层】面板中选中所有的云朵图像图层，在面板菜单中选择【从图层新建组】命令，打开【从图层新建组】对话框。在对话框的【名称】文本框中输入"云朵"，然后单击【确定】按钮，如图 2-102 所示。

(10) 选择【文件】|【置入嵌入对象】命令，置入"物品"素材图像文件，如图 2-103 所示。

图 2-102　新建图层组　　　　　　　　图 2-103　置入图像 (3)

(11) 继续使用【文件】|【置入嵌入对象】命令，置入其他素材图像文件，完成如图 2-104 所示效果。

图 2-104　置入图像 (4)

(12) 选择【文件】|【存储为】命令，打开【存储为】对话框。在对话框的【文件名】文本框中输入"电影节海报"，在【保存类型】下拉列表中选择 TIFF 格式，单击【保存】按钮。在弹出的【TIFF 选项】对话框中，单击【确定】按钮存储文件，如图 2-105 所示。

图 2-105　存储文件

2.6 习题

1. 如何在 Photoshop 中锁定图层？

2. 如何在 Photoshop 中快速查找和隔离图层？

4. 新建一个 768 像素 ×531 像素的图像，然后使用【对齐与分布】功能制作如图 2-106 所示的图像效果。

图 2-106　图像效果

第 3 章
选区的基本操作

　　本章主要讲解最基本也是最常见的选区绘制方法，并介绍选区的基本操作，如移动、变换、显示 / 隐藏、存储等操作，在此基础上学习选区形态的编辑。学会了选区的使用方法后，我们可以对选区进行颜色、渐变及图案填充。

➡ 本章重点

- ● 创建简单选区
- ● 【选择并遮住】工作区的应用
- ● 选区编辑操作
- ● 填充与描边

➡ 二维码教学视频

【例 3-1】 使用【磁性套索】工具　　　【例 3-3】 创建自定义图案

【例 3-2】 使用【填充】命令　　　　　【例 3-4】 制作促销 Banner

3.1 创建简单选区

Photoshop 中的选区是指图像中选择的区域。它可以指定图像中进行编辑操作的区域。选区显示时，表现为浮动虚线组成的封闭区域。当图像文件窗口中存在选区时，用户进行的编辑或操作都将只影响选区内的图像，而对选区外的图像无任何影响，如图 3-1 所示。

图 3-1　选区

Photoshop 中的选区有两种类型：普通选区和羽化选区，如图 3-2 所示。普通选区的边缘较硬，当在图像上绘制或使用滤镜时，可以很容易地看到处理效果的起始点和终点。相反，羽化选区的边缘会逐渐淡化，这使编辑效果能与图像无缝地混合到一起，而不会产生明显的边缘。选区在 Photoshop 的图像文件编辑处理过程中起着非常重要的作用。

普通选区　　　　　　　　　　　　　　　　　　　羽化选区

图 3-2　普通选区和羽化选区

Photoshop 提供了多种工具和命令创建选区，用户在处理图像时可以根据不同需要进行选择。打开图像文件后，用户先确定要设置的图像效果，然后再选择较为合适的工具或命令创建选区。

3.1.1　选框工具组

对于图像中的规则形状选区，如矩形、圆形等，使用 Photoshop 提供的选框工具创建选区是最直接、方便的选择。

1.【矩形选框】工具

【矩形选框】工具可以创建出矩形选区或正方形选区。选择【矩形选框】工具，将光标移到画面中，按住鼠标左键并拖动即可出现矩形的选区，释放鼠标后完成选区的绘制，如图 3-3 所示。绘制过程中，按住 Shift 键的同时按住鼠标左键拖动可以创建正方形选区，如图 3-4 所示。

图 3-3　使用【矩形选框】工具

选项栏中的【羽化】选项主要用来设置选区边缘的虚化程度。要绘制羽化的选区，需要先在选项栏中设置数值，然后按住鼠标左键并拖动进行绘制。如果选区绘制完成后看不出任何变化，此时可以将前景色设置为某一颜色，然后使用前景色填充，再按 Ctrl+D 快捷键取消选区，就可以看到羽化选区填充后的效果，如图 3-5 所示。羽化值越大，虚化范围越广；羽化值越小，虚化范围越窄。

图 3-4　创建正方形选区　　　　　　　　　　图 3-5　羽化选区

提示

当设置的羽化值过大时，Photoshop 会弹出警告对话框，提醒用户"任何像素都不大于 50% 选择。选区边将不可见"（选区仍然存在）。

【样式】选项用来设置矩形选区的创建方法。当选择【正常】选项时，可以创建任意大小的矩形选区；选择【固定比例】选项时，可以在右侧的【宽度】和【高度】文本框中输入数值，以创建固定比例的选区，如图 3-6 所示；选择【固定大小】选项时，可以在右侧的【宽度】和【高度】文本框中输入数值，然后单击即可创建一个固定大小的选区，如图 3-7 所示。

图 3-6　创建固定比例的选区　　　　　　　　图 3-7　创建固定大小的选区

2.【椭圆选框】工具

【椭圆选框】工具主要用来创建椭圆或正圆选区。选择【椭圆选框】工具，将光标移到画面中，按住鼠标左键并拖动即可创建椭圆形选区，如图 3-8 所示。在绘制过程中，按住 Shift 键的同时按住鼠标左键并拖动，可以创建正圆形选区。选项栏中的【消除锯齿】复选框被选中时，通过柔化边缘像素与背景像素之间的颜色过渡效果，来使选区边缘变得平滑。由于【消除锯齿】只影响边缘像素，不会丢失细节，在剪切、复制和粘贴选区图像时非常有用。其他选项与【矩形选框】工具相同。

图 3-8　使用【椭圆选框】工具

3.【单行选框】/【单列选框】工具

　　【单行选框】工具和【单列选框】工具主要用于创建宽度为 1 像素的行或列选区，常用来制作分割线或网格效果。选择【单行选框】工具，在画面中单击，即可绘制 1 像素高的横向选区，如图 3-9 所示。选择【单列选框】工具，在画面中单击，即可绘制 1 像素宽的纵向选区，如图 3-10 所示。

图 3-9　使用【单行选框】工具　　　图 3-10　使用【单列选框】工具

3.1.2　套索工具组

　　在实际的操作过程中，创建不规则选区时可以使用工具面板中的套索工具组。套索工具组包括【套索】工具、【多边形套索】工具和【磁性套索】工具。

1.【套索】工具

　　【套索】工具主要用于绘制不规则形状选区。该工具特别适用于对选取精度要求不高的操作。选择【套索】工具，将光标移至画面中，按住鼠标左键并拖动，即可以光标的移动轨迹创建选区，如图 3-11 所示。最后将光标定位到起始位置时，释放鼠标即可得到闭合选区。如果在绘制中途释放鼠标左键，Photoshop 会在该点与起始点之间建立一条直线以封闭选区。

图 3-11　使用【套索】工具

2. 【磁性套索】工具

【磁性套索】工具能够通过画面中颜色的对比自动识别对象的边缘，绘制出由连接点形成的连接线段，最终闭合线段区域后创建出选区。该工具特别适合创建与背景对比强烈且边缘复杂的对象选区。

【例 3-1】 使用【磁性套索】工具抠取图像。 ◎视频

(1) 打开一个图像文件，选择【磁性套索】工具，在选项栏中单击【添加到选区】按钮，设置【羽化】为 1 像素、【宽度】为 5 像素、【对比度】数值为 5%，在【频率】文本框中输入 80，如图 3-12 所示。

图 3-12 设置【磁性套索】工具

▽ 【宽度】：宽度值决定了以光标为基准，光标周围有多少像素能够被【磁性套索】工具检测到。如果对象的边缘比较清晰，可以设置较大的值；如果对象的边缘比较模糊，可以设置较小的值。

▽ 【对比度】：对比度决定了选择图像时，对象与背景之间的对比度有多大才能被工具检测到，该值的范围为 1%~100%。较高的数值只能检测到与背景对比鲜明的边缘，较低的数值则可以检测到对比不是特别鲜明的边缘。

▽ 【频率】：频率决定了【磁性套索】工具以什么样的频率放置锚点。它的设置范围为 0~100，该值越高，锚点的放置速度就越快，数量也就越多。

(2) 设置完成后，在画面中需要创建选区的对象的边缘处单击确定起始点，然后沿对象的边缘拖动鼠标，自动创建路径，如图 3-13 所示。如果有错误的锚点，可以按 Delete 键将其删除，还可以通过单击的方式添加锚点。当鼠标移到起始点位置时，光标会变为 形状。

(3) 此时，单击鼠标可以闭合路径并创建选区，得到选区后即可进行抠图、合成等操作，如图 3-14 所示。

图 3-13 创建选区

图 3-14 抠取图像

提示

　　使用【磁性套索】工具创建选区时，可以通过按键盘中的 [和] 键来减小或增大宽度值，从而在创建选区的同时灵活地调整选区与图像边缘的距离，使其与图像边缘更加匹配。按] 键，可以将磁性套索边缘宽度增大 1 像素；按 [键，则可以将磁性套索边缘宽度减小 1 像素；按 Shift+] 快捷键，可以将检测宽度设置为最大值，即 256 像素；按 Shift+[快捷键，可以将检测宽度设置为最小值，即 1 像素。

3.【多边形套索】工具

　　【多边形套索】工具通过绘制多个直线段并将其连接，最终闭合线段区域后创建出选区。该工具适用于对精度有一定要求的操作。选择【多边形套索】工具，在画面中单击确定起始点，然后在转折的位置单击进行绘制。当绘制到起始点位置时，光标变为 形状后再单击，即可得到选区，如图 3-15 所示。

图 3-15　使用【多边形套索】工具

提示

　　在使用【多边形套索】工具绘制选区时，按住 Shift 键，可以在水平方向、垂直方向或 45°方向上绘制直线。另外，按 Delete 键可以删除最近绘制的直线。

3.1.3　【魔棒】工具

　　【魔棒】工具根据图像的饱和度、亮度等信息来创建选区。用户可以通过调整容差值来控制选区的精确度。使用【魔棒】工具在图像画面背景中单击，即可得到与光标单击位置颜色相近区域的选区，如图 3-16 所示。

图 3-16　使用【魔棒】工具

▽ 【取样大小】选项：用于设置取样点的像素范围大小。

▽ 【容差】数值框：决定所选像素之间的相似性或差异性，其取值范围为 0~255。数值越低，对象像素相似程度的要求越高，所选范围就越小；数值越高，对像素相似程度的要求越低，所选的颜色范围就越大，选区也就越大。

▽ 【消除锯齿】复选框：选中该复选框，可创建边缘较平滑的选区。

▽ 【连续】复选框：选中该复选框时，只选择颜色连接的区域；当取消选中该复选框时，可以选择与所选像素颜色接近的所有区域，也包含没有连接的区域。

▽ 【对所有图层取样】复选框：如果文档中包含多个图层，选中该复选框，可以选择所有可见图层上颜色相近的区域；取消选中该复选框时，仅选择当前图层上颜色相近的区域。

▽ 【选择主体】按钮：单击该按钮，可以根据图像中最突出的对象自动创建选区。

得到选区后，可以对选区进行编辑操作，如贴入图像以替换背景，如图 3-17 所示。

图 3-17　替换背景

3.1.4　【快速选择】工具

　　【快速选择】工具能够自动查找颜色接近的区域并创建选区。对于图像主体与背景相差较大的图像，可以使用【快速选择】工具快速创建选区，并且在扩大颜色范围、连续选取时，其自由操作性相当高。

　　打开一个图像文件，选择【快速选择】工具，在选项栏中单击【选择主体】按钮，即可快速查找画面中的主体，如图 3-18 所示。

图 3-18　使用【快速选择】工具

在选项栏中，单击【添加到选区】按钮，设置合适的绘图模式及画笔大小，然后在画面中按住鼠标左键并拖动，即可自动创建与光标移动过的位置颜色相似的选区，如图 3-19 所示。在创建选区时，按键盘上的] 键可以增大画笔笔尖的大小；按 [键可以减小画笔笔尖的大小。

▽ 选区选项：选区选项包括【新选区】【添加到选区】和【从选区减去】3 个选项按钮。

▽ 【画笔】选项：通过单击画笔缩览图或者其右侧的下拉按钮打开画笔选项面板。在画笔选项面板中可以设置直径、硬度、间距、角度、圆度或大小等参数。

▽ 【自动增强】复选框：选中该复选框后，将减少选区边界的粗糙度和块效应。

选择【选择】|【反选】命令，按 Delete 键删除选区内的图像，再按 Ctrl+D 快捷键取消选区。然后在【图层】面板中，关闭【背景】图层视图查看抠图效果，如图 3-20 所示。

图 3-19　添加选区

图 3-20　抠取图像

3.1.5　【色彩范围】命令

使用【色彩范围】命令可以根据图像的颜色变化关系来创建选区，适用于颜色对比度较大的图像。使用【色彩范围】命令时可以选定一个标准色彩，或使用【吸管】工具吸取一种颜色，然后在容差设定允许的范围内，图像中所有在这个范围内的色彩区域都将成为选区。其操作原理和【魔棒】工具基本相同。不同的是，【色彩范围】命令能更清晰地显示选区的内容，并且可以按照通道选择选区。

打开一个图像文件，选择【选择】|【色彩范围】命令，打开【色彩范围】对话框。在该对话框的【选择】选项中设置创建选区的范围，如图 3-21 所示。

图 3-21　设置【选择】选项

▽ 选择【取样颜色】选项，可以直接在该对话框的预览区域单击并选择所需颜色，也可以在图像文件窗口中单击进行选择。

▽ 选择【红色】【黄色】【绿色】等选项，在图像查看区域中可以看到，画面中包含这种颜色的区域会以白色 (选区内部) 显示，不包含这种颜色的区域以黑色 (选区以外) 显示。如果图像中仅部分包含这种颜色，则以灰色显示。

▽ 选择【高光】【中间调】【阴影】中的一种方式，在图像查看区域可以看到被选中的区域变为白色，其他区域为黑色。

▽ 选择【肤色】时，会自动检测皮肤区域。

▽ 选择【溢色】时，可以选择图像中出现的溢色。

▽ 【检测人脸】复选框：当将【选择】设置为【肤色】时，选中【检测人脸】复选框，可以更加准确地查找皮肤部分的选区。

▽ 【本地化颜色簇】复选框：选中此复选框，拖动【范围】滑块可以控制要包含在蒙版中的颜色与取样点的最大和最小距离。

▽ 【吸管】工具 /【添加到取样】工具 /【从取样减去】工具用于设置选区后，添加或删除需要的颜色范围。

▽ 【反相】复选框用于反转取样的色彩范围的选区。它提供了一种在单一背景上选择多个颜色对象的方法，即用【吸管】工具选择背景，然后选中该复选框以反转选区，得到所需对象的选区。

在图像查看区域，选中【选择范围】或【图像】单选按钮，可以在预览区域预览选择的颜色区域范围，或者预览整个图像以进行选择操作，如图 3-22 所示。当选中【选择范围】单选按钮时，预览区域内的白色代表被选择的区域，黑色代表未选择的区域，灰色代表被部分选择的区域 (即有羽化效果的区域)；当选中【图像】单选按钮时，预览区域内会显示彩色图像。

图 3-22　图像查看区域

如果【选择】下拉列表中的颜色选项无法满足用户的需求，则可以在【选择】下拉列表中选择【取样颜色】选项，当光标变为吸管形状时，将其移至画布中的图像上，单击即可进行取样，如图 3-23 所示。

图 3-23　选择取样颜色

单击后被选中的区域范围有些小，原本非常接近的颜色区域并没有在图像查看区域中变为白色，可以适当增加【颜色容差】数值，使选择范围变大，如图 3-24 所示。

虽然增加【颜色容差】可以增大被选中的范围，但还是会遗漏一些近似区域。此时，用户可以单击【添加到取样】按钮 ，在画面中多次单击需要被选中的区域，也可以在图像查看区域中单击，使需要选中的区域变白，如图 3-25 所示。

图 3-24　设置【颜色容差】　　　　　图 3-25　添加到取样

为了便于观察选区效果，可以从【选区预览】下拉列表中选择文档窗口中选区的预览方式，如图 3-26 所示。选择【无】选项时，表示不在窗口中显示选区；选择【灰度】选项时，可以按照选区在灰度通道中的外观来显示选区；选择【黑色杂边】选项时，可以在未选择的区域上覆盖一层黑色；选择【白色杂边】选项时，可以在未选择的区域上覆盖一层白色；选择【快速蒙版】选项时，可以显示选区在快速蒙版状态下的效果。

(a) 无　　　　　　　　(b) 灰度　　　　　　　(c) 黑色杂边

(d) 白色杂边　　　　　(e) 快速蒙版

图 3-26　选区预览

单击【确定】按钮，即可得到选区。通过编辑选区内的图像，改变画面效果，如图 3-27 所示。

图 3-27 编辑选区内的图像

3.1.6 使用快速蒙版创建选区

使用快速蒙版创建选区的方式与其他选区工具的创建方式有所不同。单击工具面板中的【以快速蒙版模式编辑】按钮，或按 Q 键，该按钮变为 状态时，表示已处于快速蒙版编辑模式。在这种模式下，可以使用【画笔】工具、【橡皮擦】工具、【渐变】工具、【油漆桶】工具等工具在当前画面中进行绘制。快速蒙版模式下只能使用黑、白、灰进行绘制，使用黑色绘制的部分在画面中呈现半透明的红色覆盖效果，使用白色可以擦除红色部分。

选择【画笔】工具，在选项栏中单击打开【画笔预设】选取器，选择一种画笔样式，设置【大小】为 300 像素。使用【画笔】工具在图像中的人物部分进行涂抹，创建快速蒙版，如图 3-28 所示。

图 3-28 创建快速蒙版

提示

双击【以快速蒙版模式编辑】按钮，可以打开如图 3-29 所示的【快速蒙版选项】对话框。在该对话框中的【色彩指示】选项组中，可以设置参数定义颜色，表示被蒙版区域还是所选区域；【颜色】选项组用于定义蒙版的颜色和不透明度。

图 3-29 【快速蒙版选项】对话框

绘制完成后，再次单击工具面板中的【以快速蒙版模式编辑】按钮，或按 Q 键，即可退出快速蒙版编辑模式，得到选区，如图 3-30 所示。用户可以将选区部分进行填色，观察效果。

图 3-30　创建选区

3.2　【选择并遮住】工作区的应用

在 Photoshop 中，用户可以快捷、简单地创建准确的选区和蒙版。使用选框工具、【套索】工具、【魔棒】工具和【快速选择】工具时都会在选项栏中出现【选择并遮住】按钮。选择【选择】|【选择并遮住】命令，或在选择了一种选区创建工具后，单击选项栏上的【选择并遮住】按钮，即可打开【选择并遮住】工作区。该工作区将用户熟悉的工具和新工具结合在一起，用户可在【属性】面板中调整参数以创建更精准的选区。

打开一个图像文件，选择【快速选择】工具，在选项栏中单击【选择主体】按钮创建选区，如图 3-31 所示。然后选择【选择】|【选择并遮住】命令，打开如图 3-32 所示的【选择并遮住】工作区。该工作区左侧为一些用于调整选区及视图的工具，左上方为所选工具选项，右侧为选区编辑选项。

图 3-31　选择主体　　　　　　图 3-32　【选择并遮住】工作区

💡 提示

如果需要双击图层蒙版后打开【选择并遮住】工作区，可以选择【编辑】|【首选项】|【工具】命令，在打开的如图 3-33 所示的【首选项】对话框中，选中【双击图层蒙版可启动"选择并遮住"工作区】复选框。

图 3-33　【首选项】对话框

3.2.1　常用工具

左侧调整选区的工具介绍如下。

▽ 【快速选择】工具：通过按住鼠标左键并拖动进行涂抹，软件会自动查找和跟随
　图像颜色的边缘创建选区。

▽ 【调整边缘画笔】工具：用于精确调整发生边缘调整的边界区域。制作头发或毛
　皮选区时，可以使用【调整边缘画笔】工具柔化区域以增加选区内的细节。

▽ 【画笔】工具：通过涂抹的方式添加或减去选区。

▽ 【对象选择】工具：在定义的区域内查找并自动选择一个对象。

▽ 【套索】工具组：在该工具组中有【套索】工具和【多边形套索】工具两种工具。

3.2.2　【属性】面板

1.【视图模式】选项组

在【视图模式】选项组中可以进行视图显示方式的设置，如图 3-34 所示。

图 3-34　【视图模式】选项组

▽ 单击【视图】选项，在该下拉列表中可以根据不同的需要选择合适的预览方式，
　如图 3-35 所示。按 F 键可以在各个模式之间循环切换视图，按 X 键可以暂时停用
　所有视图。

(a) 洋葱皮　　　　(b) 闪烁虚线　　　　(c) 叠加　　　　(d) 黑底

(e) 白底　　　　(f) 黑白　　　　(g) 图层

图 3-35　【视图】选项

▽ 选中【显示边缘】复选框，可以显示调整区域。

▽ 选中【显示原稿】复选框，可以显示原始蒙版。

▽ 选中【高品质预览】复选框，可以显示较高的分辨率预览，同时更新速度会变慢。

放大图像视图，可以看到先前使用【快速选择】工具创建的选区并不完全符合要求。此时，用户可以使用左侧的工具调整选区，如图 3-36 所示。

图 3-36　调整选区

2.【边缘检测】选项组

通过设置【边缘检测】的【半径】选项，可以进一步调整图像对象边缘像素。【半径】选项用来确定选区边界周围的区域大小，如图 3-37 所示。对图像中锐利的边缘可以使用较小的半径数值，对于较柔和的边缘可以使用较大的半径数值。选中【智能半径】复选框后，允许选区边缘出现宽度可变的调整区域。

图 3-37　设置【半径】

3.【全局调整】选项组

【全局调整】选项组主要用来对选区进行平滑、羽化和扩展等处理，如图 3-38 所示。用户可适当调整【平滑】和【羽化】选项。

▽ 【平滑】选项：当创建的选区边缘非常生硬，甚至有明图 3-38　【全局调整】选项组

显的锯齿时，使用此参数可以进行柔化处理。

▽ 【羽化】选项：该选项与【羽化】命令的功能基本相同，用来柔化选区边缘。

▽ 【对比度】选项：设置此参数可以调整边缘的虚化程度，数值越大则边缘越锐利，通常可以创建比较精确的选区。

▽ 【移动边缘】选项：该选项与【收缩】【扩展】命令的功能基本相同，使用负值可以向内移动柔化边缘的边框，使用正值可以向外移动边框。

▽ 【清除选区】：单击该按钮，可以取消当前选区。

▽ 【反相】：单击该按钮，可以得到反向的选区。

4.【输出设置】选项组

此时选区调整完成，需要进行输出设置。在【输出设置】选项组中可以设置选区边缘的杂色以及设置选区输出的方式，如图 3-39 所示。在【输出设置】中选中【净化颜色】复选框，设置【输出到】为【选区】，单击【确定】按钮即可得到选区。使用 Ctrl+J 快捷键将选区中的图像内容复制到独立图层，然后更换背景，如图 3-40 所示。

图 3-39　【输出设置】选项组　　　　　　　图 3-40　更换背景

▽ 【净化颜色】：选中该复选框后，将彩色杂边替换为附近完全选中的像素颜色。颜色替换的强度与选区边缘的羽化程度是成正比的。

▽ 【输出到】：设置选区的输出方式，在【输出到】下拉列表中选择相应的输出方式，如图 3-41 所示。

图 3-41　【输出到】选项

> **提示**
>
> 单击【复位工作区】按钮，可恢复【选择并遮住】工作区的原始状态。另外，此按钮还可以将图像恢复为进入【选择并遮住】工作区时，它所应用的原始选区或蒙版。选中【记住设置】复选框，可以存储设置，用于以后打开的图像。

3.3　选区编辑操作

对创建完成的选区，可以进行选择、移动、存储和载入等操作。

3.3.1　常用选择命令

在打开【选择】菜单后，其最上端包括 4 个常用的简单操作命令。

选择【选择】|【全部】命令，或按 Ctrl+A 快捷键，可选择当前文件中的全部图像内容。

选择【选择】|【反选】命令，或按 Shift+Ctrl+I 快捷键，可反转已创建的选区，即选择图像中未选中的部分。如果需要选择的对象本身比较复杂，但背景简单，就可以先选择

背景，再通过【反选】命令将对象选中。

　　创建选区后，选择【选择】|【取消选择】命令，或按 Ctrl+D 快捷键，可取消创建的选区。取消选区后选择【选择】|【重新选择】命令，或按 Shift+Ctrl+D 快捷键，可恢复最后一次创建的选区。

3.3.2　修改选区

　　对于已有的选区，可以对其边界进行向外扩展、向内收缩、平滑、羽化等操作。

　　【边界】命令可以选择现有选区边界的内部和外部的像素宽度。当要选择图像区域周围的边界或像素带，而不是该区域本身时，此命令将很有用。选择【选择】|【修改】|【边界】命令，打开【边界选区】对话框，如图 3-42 所示。在该对话框中的【宽度】数值框中可以输入像素值 (范围为 1 ～ 200)，然后单击【确定】按钮。新选区将为原始选定区域创建框架，此框架位于原始选区边界的中间。如将边界宽度设置为 20 像素，则会创建一个新的柔和边缘选区，该选区将在原始选区边界的内外分别扩展 10 像素。

　　【平滑】命令用于平滑选区的边缘。选择【选择】|【修改】|【平滑】命令，打开【平滑选区】对话框，如图 3-43 所示。该对话框中的【取样半径】选项用来设置选区的平滑范围。

图 3-42　使用【边界】命令　　　　　　　　　图 3-43　使用【平滑】命令

　　【扩展】命令用于扩展选区。选择【选择】|【修改】|【扩展】命令，打开【扩展选区】对话框，如图 3-44 所示，设置【扩展量】数值可以扩展选区。其数值越大，选区向外扩展的范围就越广。

　　【收缩】命令与【扩展】命令相反，用于收缩选区。选择【选择】|【修改】|【收缩】命令，打开【收缩选区】对话框，如图 3-45 所示。通过设置【收缩量】可以缩小选区。其数值越大，选区向内收缩的范围就越大。

图 3-44　使用【扩展】命令　　　　　　　　　图 3-45　使用【收缩】命令

　　【羽化】命令可以通过扩展选区轮廓周围的像素区域，达到柔和边缘效果。选择【选择】|【修改】|【羽化】命令，打开【羽化选区】对话框，如图 3-46 所示。通过更改【羽化半径】数值可以控制羽化范围的大小。当对选区进行填充、裁剪等操作时，可以看出羽化效果。如果选区较小而羽化半径设置较大，则会弹出如图 3-47 所示的警告对话框，单击【确定】

按钮，可确认当前设置的羽化半径，而选区可能变得非常模糊，以至于在画面中看不到，但此时选区仍然存在。如果不想出现该警告，应减小羽化半径或增大选区的范围。

图 3-46　使用【羽化】命令　　　　　　　　　　图 3-47　警告对话框

3.3.3　选区的运算

选区的运算是指在画面中存在选区的情况下，使用选框工具、【套索】工具和【魔棒】工具创建新选区时，新选区与现有选区之间进行运算，从而生成新的选区。选择选框工具、【套索】工具或【魔棒】工具创建选区时，工具选项栏中就会出现选区运算的相关按钮，如图 3-48 所示。

▽ 【新选区】按钮：单击该按钮后，可以创建新的选区。如果图像中已存在选区，那么新创建的选区将替代原来的选区。

▽ 【添加到选区】按钮：单击该按钮，使用选框工具在画布中创建选区时，如果当前画布中存在选区，光标将变成形状┱。此时绘制新选区，新建的选区将与原来的选区合并成为新的选区，如图 3-49 所示。

图 3-48　选区运算按钮　　　　　　　　　　图 3-49　添加到选区

▽ 【从选区减去】按钮：单击该按钮，使用选框工具在图形中创建选区时，如果当前图像中存在选区，光标变为形状┲。此时，如果新创建的选区与原来的选区有相交部分，将从原选区中减去相交的部分，余下的选择区域作为新的选区，如图 3-50 所示。

▽ 【与选区交叉】按钮：单击该按钮，使用选框工具在图形中创建选区时，如果当前图像中存在选区，光标将变成形状┲。此时，如果新创建的选区与原来的选区有相交部分，会将相交的部分作为新的选区，如图 3-51 所示。

图 3-50　从选区减去　　　　　　　　　　图 3-51　与选区交叉

> **提示**
>
> 使用快捷键也可进行选区运算，按住 Shift 键，光标旁出现"+"时，可以进行添加到选区操作；按住 Alt 键，光标旁出现"-"时，可以进行从选区减去操作；按住 Shift+Alt 快捷键，光标旁出现"×"时，可以进行与选区交叉操作。

3.3.4 移动选区

创建完的选区可以进行移动，但是选区的移动不能使用【移动】工具，而要使用选区工具，否则移动的是选区内的图像而不是选区。在选项栏中单击【新选区】按钮，然后将光标置于选区中，当光标显示为时，拖动鼠标即可移动选区，如图 3-52 所示。除此之外，用户还可以通过键盘上的方向键，将对象以每次 1 像素的距离进行移动；如果按住 Shift 键，再按方向键，则每次可以移动 10 像素的距离。

图 3-52　移动选区

3.3.5 变换选区

创建选区后，选择【选择】|【变换选区】命令，或在选区内右击，在弹出的快捷菜单中选择【变换选区】命令，然后把光标移到选区内，当光标变为▶形状时，即可拖动选区。使用【变换选区】命令除可以移动选区外，还可以改变选区的形状，如对选区进行缩放、旋转和扭曲等。在变换选区时，直接通过拖动定界框的手柄可以调整选区，还可以配合 Shift、Alt 和 Ctrl 键的使用。

在图像文档中，选择【矩形选框】工具，在选项栏设置【羽化】为 2 像素，然后拖动鼠标创建选区，如图 3-53 所示。选择【选择】|【变换选区】命令，显示定界框，拖动控制点即可对选区进行变形，如图 3-54 所示。

图 3-53　创建选区　　　　　　　　　图 3-54　变换选区

在选区变换状态下，右击选区，在弹出的快捷菜单中还可以选择变换方式，也可以在选项栏中单击【在自由变换和变形模式之间切换】按钮，显示变形网格，如图 3-55 所示。

图 3-55　显示变形网格

拖动变形网格的控制点或控制柄，即可调整变换效果。在选项栏中，单击【网格】选项，在该下拉列表中可以选择网格数量，如图 3-56 所示；单击【变形】选项，在该下拉列表中可以选择变换效果，并可在其后的数值框中设置水平或垂直方向上的弯曲度，如图 3-57 所示。变换完成后，单击选项栏中的【提交变换】按钮，或按 Enter 键确定应用选区变换。

图 3-56　【网格】选项　　　　　　　　　　图 3-57　【变形】选项

3.3.6　存储图像选区

在 Photoshop 中，选区是一种虚拟对象，无法直接被存储在文档中，而一旦被取消，选区就不存在了。如果在编辑过程中，某一选区需要多次使用，可以将选区存储起来使用。创建选区后，用户可以选择【选择】|【存储选区】命令，也可以在选区上右击，打开快捷菜单，选择其中的【存储选区】命令，打开如图 3-58 所示的【存储选区】对话框。

图 3-58　【存储选区】对话框

在【文档】下拉列表中，选择【新建】选项，创建新的图像文件，并将选区存储为 Alpha 通道保存在该图像文件中；选择当前图像文件名称，可以将选区保存在新建的 Alpha 通道中。如果在 Photoshop 中还打开了与当前图像文件具有相同分辨率和尺寸的图像文件，这些图像文件名称也将显示在【文档】下拉列表中。选择它们，就会将选区保存到这些图像文件中新创建的 Alpha 通道内。

在【通道】下拉列表中，可以选择创建的 Alpha 通道，将选区添加到该通道中；也可以选择【新建】选项，创建一个新通道并为其命名，然后进行保存，如图 3-59 所示。

【操作】选项组用于选择通道处理方式。如果选择新创建的通道，那么只能选择【新建通道】单选按钮；如果选择已经创建的 Alpha 通道，那么还可以选择【添加到通道】【从通道中减去】和【与通道交叉】3 个单选按钮。

图 3-59　新建通道

存储图像文档时，选择 PSB、PSD、PDF 和 TIFF 等格式可以保存多个选区。

3.3.7　载入图像选区

在操作过程中，经常需要得到某个图层的选区。此时，可以在【通道】面板中按 Ctrl 键的同时单击存储选区的通道蒙版缩览图，即可重新载入存储起来的选区。或选择【选择】|【载入选区】命令后，在打开的如图 3-60 所示的【载入选区】对话框中进行设置。【载入选区】对话框与【存储选区】对话框中的参数选项基本相同，只是【载入选区】对话框比【存储选区】对话框多了一个【反相】复选框。如果选中该复选框，那么会将保存在 Alpha 通道中的选区反选并载入图像文件窗口中。

图 3-60　载入选区

> 💡 提示
>
> 创建选区后，选择【窗口】|【通道】命令，打开【通道】面板。在【通道】面板底部单击【将选区存储为通道】按钮，可以将选区存储为【Alpha 通道】。

3.4　剪切、复制、粘贴、清除图像

剪切是将某个对象暂时存储到剪贴板中备用，并从原位置删除；复制是保留原始对象并复制到剪贴板中备用；粘贴则是将剪贴板中的对象提取到当前位置。

3.4.1　剪切

剪切就是将选中的内容暂时放入计算机的【剪贴板】中，而选择区域中的内容会消失。通常【剪切】命令与【粘贴】命令一同使用。

选择一个普通图层，并使用选择工具创建一个选区，然后选择【编辑】|【剪切】命令，或按 Ctrl+X 快捷键，可以将选区中的内容剪切到剪贴板上，此时原始位置的图像就消失了，如图 3-61 所示。

图 3-61　剪切图像

选择【编辑】|【粘贴】命令，或按 Ctrl+V 快捷键，可以将剪切的图像粘贴到画布中并生成一个新的图层，如图 3-62 所示。

图 3-62　粘贴图像

> **提示**
>
> 如果被选中的图层是背景图层，那么剪切后的区域会被填充为当前的背景色。如果选中的图层为智能对象图层、3D 图层、文字图层等特殊图层，则不能进行剪切操作。

3.4.2　复制、合并复制

创建选区后，选择【编辑】|【复制】命令，或按 Ctrl+C 快捷键，可以将选中的图像复制到剪贴板中。选择【编辑】|【粘贴】命令，或按 Ctrl+V 快捷键，可以将复制的图像粘贴到画布中并生成一个新的图层，如图 3-63 所示。

图 3-63　复制并粘贴图像

合并复制就是将文档中所有可见图层复制并合并到剪贴板中。打开一个包含多个图层的文档，选择【选择】|【全选】命令，或按 Ctrl+A 快捷键，全选当前图像。然后选择【编辑】|【合并拷贝】命令，按 Shift+Ctrl+C 快捷键，将所有可见图层复制并合并到剪贴板，如图 3-64 所示。接着新建一个空白文档，按 Ctrl+V 快捷键，可以将合并复制的图像粘贴到当前文档或其他文档中，如图 3-65 所示。

图 3-64　合并复制图像　　　　　　　　　图 3-65　粘贴图像

3.4.3　粘贴

使用【粘贴】命令可以将剪贴板中的内容原位粘贴，或粘贴到另一个选区的内部或外部。

▽ 选择【编辑】|【选择性粘贴】|【原位粘贴】命令，可以粘贴剪贴板中的图像至当前图像文件原位置，并生成新图层。

▽ 选择【编辑】|【选择性粘贴】|【贴入】命令，可以粘贴剪贴板中的图像至当前图像文件窗口显示的选区内，并且自动创建一个带有图层蒙版的新图层，放置剪切或复制的图像内容。

▽ 选择【编辑】|【选择性粘贴】|【外部粘贴】命令，可以粘贴剪贴板中的图像至当前图像文件窗口显示的选区外，并且自动创建一个带有图层蒙版的新图层。

3.4.4　清除图像

使用【清除】命令可以删除选区中的图像。清除图像分为两种情况，一种是清除普通图层中的图像，另一种是清除背景图层中的图像。

打开一个图像文件，在【图层】面板中自动生成一个背景图层，如图 3-66 所示。使

用选框工具创建一个选区，然后选择【编辑】|【清除】命令，即可删除选区内的图像，并填充背景色，如图 3-67 所示。

图 3-66 打开图像

图 3-67 清除图像

如果创建选区后，按 Delete 键进行删除，会打开【填充】对话框。在该对话框中，设置填充的内容，如选择【前景色】，单击【确定】按钮。此时可以看到选区原有的图像被删除，而以前景色进行填充，如图 3-68 所示。

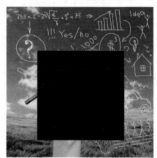
图 3-68 删除图像并填充

如果选择一个普通图层，然后绘制一个选区，接着按 Delete 键进行删除，即可看到选区中的图像被删除，如图 3-69 所示。

图 3-69 删除图像

3.5 填充与描边

填充是指在图层或选区内的图像上填充颜色、渐变和图案。描边则是指为选区描绘可见的边缘。进行填充和描边操作时，可以使用【油漆桶】工具、【填充】和【描边】命令等。

3.5.1 使用【填充】命令

使用【填充】命令可以为整个图像或选区内的部分图像填充颜色、图案等，在填充的过程中还可以使填充的内容与原始内容产生混合效果。选择【编辑】|【填充】命令，或按 Shift+F5 快捷键打开【填充】对话框。在该对话框中需要设置填充的内容，还需要进行

混合的设置，设置完成后单击【确定】按钮进行填充。需要注意的是，文字图层、智能对象等特殊图层以及被隐藏的图层不能使用【填充】命令。

图 3-70　【内容】选项

▽ 【内容】选项：可以选择填充内容，如前景色、背景色和图案等，如图 3-70 所示。

▽ 【颜色适应】复选框：选中该复选框，可通过某种算法将填充颜色与周围颜色混合。

▽ 【模式】/【不透明度】选项：这两个选项可以设置填充时所采用的颜色混合模式和不透明度。

▽ 【保留透明区域】复选框：选中该复选框后，只对图层中包含像素的区域进行填充。

1. 填充颜色

填充颜色是指以纯色进行填充，在【内容】下拉列表中有【前景色】【背景色】和【颜色】3 个选项。其中选择【前景色】和【背景色】选项，就是使用前景色和背景色进行填充。当设置【内容】为【颜色】选项时，弹出如图 3-71 所示的【拾色器 (填充颜色)】对话框，设置合适的颜色后，单击【确定】按钮，完成填充。

图 3-71　填充颜色

2. 填充图案

选区中不仅可以填充纯色，还可以填充图案。选择需要填充的图层或选区，打开【填充】对话框，设置【内容】为【图案】选项，然后单击【自定图案】右侧的 按钮，在弹出的下拉面板中打开任意一个图案组并单击选择一个图案，最后单击【确定】按钮，如图 3-72 所示。

图 3-72　填充图案

3. 填充黑色 /50% 灰色 / 白色

当设置【内容】为【黑色】时，即可填充黑色；当设置【内容】为【50% 灰色】时，即可填充灰色；当设置【内容】为【白色】时，即可填充白色，如图 3-73 所示。

图 3-73　填充黑色 /50% 灰色 / 白色

4. 填充历史记录

设置填充【内容】为【历史记录】选项，可以填充【历史记录】面板中所标记的状态。

【例 3-2】　　使用【填充】命令制作图像效果。 视频

(1) 选择【文件】|【打开】命令，打开素材图像，并按 Ctrl+J 快捷键复制【背景】图层，如图 3-74 所示。

(2) 选择【滤镜】|【模糊】|【高斯模糊】命令，打开【高斯模糊】对话框。在该对话框中，设置【半径】为 45 像素，然后单击【确定】按钮，如图 3-75 所示。

图 3-74　打开图像并复制图层　　　　　　　图 3-75　使用【高斯模糊】命令

(3) 打开【历史记录】面板，单击【创建新快照】按钮，基于当前的图像状态创建一个快照。在【快照 1】前面单击，将历史记录的源设置为【快照 1】，如图 3-76 所示。

(4) 在【历史记录】面板中，单击【通过拷贝的图层】步骤，将图像恢复到步骤 (1) 的状态，如图 3-77 所示。

图 3-76　创建快照　　　　　　　　　　　　　　　图 3-77　恢复图像

(5) 打开【通道】面板，按 Ctrl 键并单击 Alpha 1 通道缩览图，载入选区，如图 3-78 所示。

(6) 选择【编辑】|【填充】命令，在打开的【填充】对话框的【内容】下拉列表中选择【历史记录】选项，然后单击【确定】按钮，如图 3-79 所示。设置完成后，按 Ctrl+D 快捷键取消选区，结束操作。

图 3-78　载入选区　　　　　　　　　　　　　　　图 3-79　使用【填充】命令

3.5.2　使用【油漆桶】工具

利用【油漆桶】工具，可以给指定容差范围的颜色或选区填充前景色或图案。选择【油漆桶】工具后，在其选项栏中可以设置不透明度、是否消除锯齿和容差等参数选项。

▽ 填充内容：可以在下拉列表中选择填充内容，包括【前景】和【图案】。

▽ 【模式】/【不透明度】：用来设置填充内容的混合模式和不透明度。

▽ 【容差】：用来定义必须填充的像素的颜色相似程度。低容差会填充颜色值范围与单击点像素非常相似的像素，高容差则填充更大范围内的像素。

▽ 【消除锯齿】：选中该复选框，可以平滑填充选区的边缘。

▽ 【连续的】：选中该复选框，只填充与单击点相邻的像素；取消选中该复选框，可填充图像中的所有相似像素。

▽ 【所有图层】：选中该复选框，基于所有可见图层中的合并颜色数据填充图像；取消选中该复选框，则填充当前图层。

1. 使用【油漆桶】工具填充前景色

选择【油漆桶】工具，在选项栏中设置填充内容为【前景】，其他参数使用默认值即可。更改前景色，然后在需要填充的位置上单击即可填充前景色，如图 3-80 所示。

图 3-80　使用【油漆桶】工具

2. 使用【油漆桶】工具填充图案

选择【油漆桶】工具，在选项栏中设置填充内容为【图案】，单击【图案】右侧的按钮，在弹出的下拉面板中单击选择一个图案，然后在画面中单击进行填充，如图 3-81 所示。

图 3-81　填充图案

3.5.3　定义图案预设

图案是在绘画过程中被重复使用或拼接粘贴的图像。Photoshop 虽然为用户提供了大量现成的预设图案，但并不一定适用，这时我们可以将图片或图片的局部创建为自定义图案。

☞【例 3-3】　创建自定义图案。📹视频

(1) 打开一个图像，如图 3-82 所示，我们可以将整幅图像定义为图案。如果想要将局部图像定义为图案，那么可以先框选出该部分图像。

(2) 选择【编辑】|【定义图案】命令，在打开的【图案名称】对话框中，设置一个合适的名称，然后单击【确定】按钮完成图案的定义，如图 3-83 所示。自定义的图案会像 Photoshop 预设的图案一样出现在【油漆桶】【图案图章】【修复画笔】和【修补】等工具选项栏的弹出式面板，以及【图层样式】对话框中。

图 3-82　打开图像

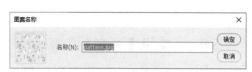

图 3-83　定义图案

3.5.4 使用【图案】面板

使用【图案】面板能够存储、导入和
管理图案。选择【窗口】|【图案】命令，
打开【图案】面板。在【图案】面板中能
够选择已有的预设图案和之前新建的图案。
如果要删除图案，可以选中图案，按住鼠
标左键并将其拖至【删除图案】按钮上，
释放鼠标左键后即可删除图案，如图 3-84
所示。

图 3-84　删除图案

选中一个图案，单击面板菜单按钮，在弹出的菜单中选择【导出所选图案】命令。在
打开的【另存为】对话框中，设置合适的名称，然后单击【保存】按钮，如图 3-85 所示。
在保存的位置即可看到相应的文件，如图 3-86 所示，文件类型为 .PAT。

图 3-85　导出所选图案

图 3-86　查看文件

如果要导入图案，可以单击面板菜单按钮，在弹出的菜单中选择【导入图案】命令。
在打开的【载入】对话框中，选择图案文件，然后单击【载入】按钮，即可在【图案】面
板中看到载入的图案，如图 3-87 所示。

图 3-87　导入图案

3.5.5 使用【渐变】工具

使用【渐变】工具，可以在图像中创建多种颜色间逐渐过渡混合的效果。在 Photoshop 中，
使用【渐变】工具不仅可以填充图像，还可以填充图层蒙版、快速蒙版和通道。另外，控

制调整图层和填充图层的有效范围时也会用到【渐变】工具。选择该工具后，用户可以根据需要在【渐变编辑器】对话框中设置渐变颜色，也可以选择系统自带的预设渐变应用于图像中。

1. 使用已有的渐变

选择【渐变】工具，单击选项栏中【渐变色条】右侧的 按钮，在弹出的下拉面板中能够看到多个渐变颜色组。单击 〉按钮展开任意一个颜色组，再单击选中一个渐变颜色。在不设置其他选项的情况下，选择一个图层或创建一个选区，然后在图像中单击并按住鼠标左键拖出一条直线，以表示渐变的起始点和终点，释放鼠标左键后即可填充渐变，如图 3-88 所示。

图 3-88　使用【渐变】工具

选择好渐变颜色后，需要设置渐变类型。在选项栏中，有 5 个选项用来设置渐变类型。单击【线性渐变】按钮，可以以直线方式创建从起点到终点的渐变；单击【径向渐变】按钮，可以以环状方式创建从起点到终点的渐变；单击【角度渐变】按钮，可以创建围绕起点以逆时针扫描方式的渐变；单击【对称渐变】按钮，可以使用均衡的线性渐变在起点的任意一侧创建渐变；单击【菱形渐变】按钮，可以以菱形方式从起点向外产生渐变，终点定义为菱形的一个角，如图 3-89 所示。

线性渐变　　　　　径向渐变　　　　　角度渐变　　　　　对称渐变　　　　　菱形渐变

图 3-89　渐变类型

选项栏中的【模式】用来设置应用渐变时的混合模式。【不透明度】用来设置渐变效果的不透明度。在选项栏中设置【模式】和【不透明度】，然后拖动进行填充，即可看到相应的效果，如图 3-90 所示。

图 3-90　设置【模式】和【不透明度】

> **提示**
>
> 在【渐变】工具选项栏的【方法】下拉列表中可以选择【可感知】【线性】和【古典】3 种渐变插值方法，帮助用户创建更加平滑的渐变，如图 3-91 所示。
>
> ▽ 【可感知】选项：使用此选项可创建自然的渐变，就像人眼看到现实世界中的自然渐变一样。
>
> ▽ 【线性】选项：类似于可感知，此选项也与人眼在自然世界中感知光的方式非常相似。
>
> ▽ 【古典】选项：使用此渐变选项可处理包含旧版 Photoshop 中创建的渐变的设计，此选项可帮助用户保留相同的外观。
>
>
>
> 图 3-91　【方法】选项

　　【反向】复选框用于转换渐变中的颜色顺序，得到反向的渐变效果，如图 3-92 所示。选中【仿色】复选框，可用较小的带宽创建较平滑的混合，可防止打印时出现条带化现象，但在屏幕上并不能明显地体现出仿色的作用。

图 3-92　【反向】选项

2. 编辑不同的渐变色

　　预设的渐变颜色远远不能满足用户的编辑需求，这时可以通过【渐变编辑器】对话框，自定义适合需求的渐变颜色。

　　单击选项栏中的【渐变色条】，打开如图 3-93 所示的【渐变编辑器】对话框。在【渐变编辑器】对话框的【预设】选项组中提供了各种预设渐变样式的缩览图。通过单击缩览图，即可选取渐变样式，并且在对话框的下方将显示该渐变样式的各项参数及选项设置，如图 3-94 所示。

图 3-93 【渐变编辑器】对话框   图 3-94 使用预设渐变样式

如果没有合适的渐变效果，可以在下方渐变色条中编辑合适的渐变效果。双击渐变色条底部的色标，在弹出的【拾色器 (色标颜色)】对话框中设置颜色，如图 3-95 所示。用户也可以在选择色标后，通过【渐变编辑器】对话框中的【颜色】选项进行颜色设置，如图 3-96 所示。如果色标不够，可以在渐变色条下方单击，添加更多的色标。

图 3-95 设置色标颜色   图 3-96 使用【颜色】选项

按住色标并向左右拖动可以改变色标的位置，如图 3-97 所示。在单击色标时，会显示其与相邻色标之间的颜色过渡中点。拖动该中点，可以调整渐变颜色之间的颜色过渡范围，如图 3-98 所示。

图 3-97 改变色标位置   图 3-98 改变中点位置

如果要制作带有透明效果的渐变颜色，可单击渐变色条上的不透明度色标，然后在【不透明度】数值框中设置参数，如图 3-99 所示。在单击不透明度色标时，在与其相邻的不透明度色标之间会显示不透明度过渡点。拖动该过渡点，可以调整渐变颜色之间的不透明度过渡范围。

图 3-99　设置【不透明度】

若要删除色标，可以选中色标后，按住鼠标左键将其向渐变色条外侧拖动，释放鼠标即可删除色标，如图 3-100 所示。

图 3-100　删除色标

3. 存储渐变

在【渐变编辑器】对话框中调整好一个渐变后，在【名称】文本框中输入渐变的名称，如图 3-101 所示，然后单击【新建】按钮，可将其保存到渐变列表中。如果单击【导出】按钮，可以打开【另存为】对话框，将当前渐变列表中所有选中的渐变保存为一个渐变库，如图 3-102 所示。

图 3-101　新建渐变

图 3-102　导出渐变

3.5.6　描边设置

使用【描边】命令可以沿图像边缘或选区边缘进行描绘。描边操作常用于突出画面中的某些元素，或用于使某些元素与背景隔离。

使用选区工具创建选区，如果不创建选区，描边操作会针对当前图层的外轮廓进行描边。选择【编辑】|【描边】命令，打开如图 3-103 所示的【描边】对话框。

图 3-103　打开【描边】对话框

在【描边】对话框中，【宽度】选项用来控制描边的粗细，【颜色】选项用来设置描边颜色，单击【颜色】选项右侧的颜色块，可以打开【拾色器 (描边颜色)】对话框设置合适的描边颜色，如图 3-104 所示。

【位置】选项用于选择描边的位置，包括【内部】【居中】和【居外】3 个选项，如图 3-105 所示。

【混合】选项用来设置描边颜色的混合模式和不透明度。如果选中【保留透明区域】复选框，则只对包含像素的区域进行描边。

图 3-104　设置颜色　　　　　　　　　　　图 3-105　设置【位置】

3.6 实例演练

本章的实例演练为制作促销 Banner 的综合实例，用户通过练习从而巩固本章所学知识。

【例 3-4】 制作促销 Banner。 视频

(1) 选择【文件】|【新建】命令，打开【新建文档】对话框。在该对话框中，设置【宽度】为 1773 像素，【高度】为 656 像素，【分辨率】为 150 像素/英寸，然后单击【创建】按钮，如图 3-106 所示。

(2) 选择【视图】|【显示】|【网格】命令，显示网格。选择【文件】|【置入嵌入对象】命令，置入所需的背景素材图像文件，如图 3-107 所示。

图 3-106 新建文档

图 3-107 置入图像

(3) 在【图层】面板中，选中【背景】图层。选择【编辑】|【填充】命令，打开【填充】对话框。在对话框的【内容】下拉列表中选择【黑色】选项，然后单击【确定】按钮填充图层，如图 3-108 所示。

图 3-108 填充背景

(4) 在【图层】面板中选中 dog 图层，单击【添加图层蒙版】按钮，添加图层蒙版。选择【渐变】工具，在图像左侧边缘单击，并按住鼠标向右拖曳，再次单击并释放鼠标添加蒙版效果，如图 3-109 所示。

(5) 在【图层】面板中单击【创建新图层】按钮，新建【图层 1】。选择【椭圆选框】工具，在选项栏的【样式】下拉列表中选择【固定大小】选项，设置【宽度】和【高度】数值为 125 像素，然后使用【椭圆选框】工具依据网格单击创建选区，如图 3-110 所示。

图 3-109　添加图层蒙版

图 3-110　创建选区

(6) 在【颜色】面板中，设置前景色为 R:214 G:115 B:53，然后按 Alt+Delete 快捷键填充选区，如图 3-111 所示。

(7) 选择【移动】工具，按 Ctrl+Alt 键移动并复制图形，同时生成新图层，如图 3-112 所示。

图 3-111　填充选区

图 3-112　移动并复制图形

(8) 使用【矩形选框】工具在图像右侧创建选区，然后按 Alt+Delete 快捷键填充选区，如图 3-113 所示。

(9) 再次选择【视图】|【显示】|【网格】命令，隐藏网格。选择【文件】|【置入嵌入对象】命令，置入所需的图形素材图像文件，如图 3-114 所示。

图 3-113　绘制并填充矩形选区

图 3-114　置入图像

(10) 使用【横排文字】工具在图像中单击，在选项栏中设置字体系列为【方正大黑简体】，字体大小为 16 点，字体颜色为白色，然后输入文字内容，如图 3-115 所示。

(11) 选择【移动】工具，按 Ctrl+Alt 键移动并复制刚创建的文字内容，然后使用【横排文字】工具修改文字内容，如图 3-116 所示。

图 3-115　输入文字　　　　　　　　　　图 3-116　复制并修改文字

(12) 再次使用【横排文字】工具在图像中单击，在选项栏中设置字体系列为【方正正黑简体】，字体大小为 52 点，字符间距为 -25，字体颜色为白色，然后输入文字内容，如图 3-117 所示。

图 3-117　继续输入文字

(13) 使用【横排文字】工具选中第二排文字内容，将字体颜色更改为 R:214 G:115 B:53。在【字符】面板中，更改数字部分的字体系列为【方正品尚中黑简体】，字体大小数值为 100 点，行距为 87 点，字符间距为 -25；更改中文文字的字体大小数值为 40 点，如图 3-118 所示。

图 3-118　修改文字

(14) 按 Ctrl+T 快捷键应用【自由变换】命令，旋转文字角度，如图 3-119 所示。

(15) 使用【横排文字】工具在图像中单击，在【字符】面板中设置字体系列为【方正黑体简体】，字体大小为 14 点，然后输入文字内容，如图 3-120 所示。

图 3-119　旋转文字　　　　　　　　　　　　　　　图 3-120　输入文字

(16) 继续使用【横排文字】工具在图像中单击，在【字符】面板中设置字体系列为【汉仪菱心体简】，字体大小为 30 点，然后输入文字内容，如图 3-121 所示。

图 3-121　输入文字

(17) 在【图层】面板中，双击刚创建的文字图层，打开【图层样式】对话框。在对话框中选中【投影】选项，设置【混合模式】为【正片叠底】、【不透明度】数值为 60%、【大小】数值为 8 像素，然后单击【确定】按钮应用图层样式，得到如图 3-122 所示的效果。

图 3-122　添加【投影】样式

3.7　习题

1. 如何对选区进行描边？

2. 分析羽化与消除锯齿的区别。

3. 打开如图 3-123 所示的图像，练习使用【磁性套索】工具创建选区。

4. 在 Photoshop 中制作如图 3-124 所示的图像效果。

图 3-123　创建选区　　　　　　　　　图 3-124　图像效果

第4章
矢量图形的应用

　　绘图是 Photoshop 的一项重要功能。除使用【画笔】工具进行绘图外，矢量绘图也是一种常用的绘图方式。Photoshop 中有两大类可以用于绘图的矢量工具：【钢笔】工具和形状工具。【钢笔】工具用于绘制不规则的形状，而形状工具则用于绘制各种规则的几何图形，如矩形、椭圆形、多边形等。本章主要针对钢笔绘图及形状绘图的方式进行讲解。

 本章重点

- 绘制路径
- 路径的编辑操作
- 使用【路径】面板

 二维码教学视频

【例 4-1】 使用【钢笔】工具
【例 4-2】 制作邮票效果
【例 4-3】 制作网页图标
【例 4-4】 定义自定形状
【例 4-5】 制作粉笔字效果
【例 4-6】 将路径作为选区载入
【例 4-7】 绘制计算器工具图标

4.1　绘制路径和矢量图形

矢量图形是由路径构成的图形，而路径由贝塞尔曲线构成。由于贝塞尔曲线具有精确和易于修改的特点，因此被广泛应用于计算机绘图领域，用于定义和编辑图像的区域。使用贝塞尔曲线可以精确定义一个区域，并且可以将其保存以便重复使用。

4.1.1　路径的构成

路径是由贝塞尔曲线构成的图形。贝塞尔曲线则是由锚点、线段、方向线与方向点组成的线段，如图 4-1 所示。

与其他矢量图形软件相比，Photoshop 中的路径是不可打印的矢量形状，主要用于勾画图像区域的轮廓。用户可以对路径进行填充和描边，还可以将路径转换为选区。

▽　线段：两个锚点之间连接的部分称为线段。如果线段两端的锚点都是角点，则线段为直线；如果任意一端的锚点是平滑点，则该线段为曲线段，如图 4-2 所示。当改变锚点属性时，通过该锚点的线段也会受到影响。

图 4-1　贝塞尔曲线　　　　　　　　　图 4-2　线段

▽　锚点：锚点又称节点。绘制路径时，线段与线段之间由锚点连接。当锚点显示为白色空心时，表示该锚点未被选择；而当锚点显示为黑色实心时，表示该锚点为当前选择的点。

▽　方向线：当用【直接选择】工具或【转换点】工具选择带有曲线属性的锚点时，锚点两侧会出现方向线。拖动方向线末端的方向点，可以改变曲线段的弯曲程度。

4.1.2　绘制模式

Photoshop 中的【钢笔】工具和形状工具可以创建不同类型的对象，包括形状、工作路径和填充像素。选择一个绘制工具后，需要先在选项栏中选择绘图模式，包括【形状】【路径】和【像素】3 种模式，然后才能进行绘图。

1. 使用【形状】模式绘图

在选择【钢笔】工具或形状工具后，在选项栏中设置绘制模式为【形状】，可以创建单独的形状图层，并可以设置填充、描边类型，如图 4-3 所示。

单击【设置形状填充类型】按钮，可以在弹出的如图 4-4 所示的下拉面板中选择【无填充】【纯色】【渐变】或【图案】类型。

图 4-3　使用【形状】模式绘图

图 4-4　设置形状填充类型

在【描边】按钮右侧的数值框中，可以设置形状的描边宽度。单击【设置形状描边类型】按钮，在弹出的如图 4-5 所示的下拉面板中可以选择预设的描边类型，还可以对描边的对齐方式、端点及角点类型进行设置。单击【更多选项】按钮，可以在弹出的如图 4-6 所示的【描边】对话框中创建新的描边类型。

图 4-5　设置形状描边类型

图 4-6　【描边】对话框

> **提示**
>
> 　　在【描边】对话框中，可以对虚线的长度和间距进行设置。选中【虚线】复选框，可激活下方 3 组【虚线】和【间隙】选项，它们每一组代表一个虚线基本单元，虚线的线条由基本单元重复排列而成。当在第一组选项中输入数值时，可以得到最基本的、规则排列的虚线。如果继续输入第 2 组数字，并以此重复，此时的虚线会出现有规律的变化，如图 4-7 所示；如果输入第 3 组数字，则虚线的单元结构和变化更加复杂。
>
>
>
> 图 4-7　设置虚线

2. 使用【路径】模式绘图

在选项栏中设置绘制模式为【路径】，可以创建工作路径，如图 4-8 所示。工作路径不会出现在【图层】面板中，只出现在【路径】面板中。

路径绘制完成后，可以在工具选项栏中通过单击【选区】【蒙版】【形状】按钮快速地将路径转换为选区、蒙版或形状。单击【选区】按钮，可以打开【建立选区】对话框，在该对话框中可以设置选区效果；单击【蒙版】按钮，可以依据路径创建矢量蒙版；单击【形状】按钮，可将路径转换为形状图层。

图 4-8　使用【路径】模式绘图

3. 使用【像素】模式绘图

在选项栏中设置绘制模式为【像素】，可以以当前前景色在所选图层中进行绘制。在【图层】面板中可以设置合适的混合模式与不透明度，如图 4-9 所示。

4.1.3　【钢笔】工具

【钢笔】工具是 Photoshop 中最为强大的绘制工具，它主要有两种用途：一是绘制矢量图形；二是用于选取对象。使用【钢笔】工具绘图使用的是【形状】模式，通过为其设置填充和描边颜色，即可绘制出带有色彩的图形。使用【钢笔】工具选取图像需要使用【路径】模式绘制路径，之后转换为选区并完成选取。

图 4-9　使用【像素】模式绘图

选择【钢笔】工具，在选项栏中设置绘制模式为【形状】。在选项栏中单击⚙按钮，会打开如图 4-10 所示的【钢笔】设置选项下拉面板。在其中，如果选中【橡皮带】复选框，则可以在创建路径的过程中自动产生连接线段，而不用等到单击创建锚点后才在两个锚点间创建线段。

图 4-10　【钢笔】设置选项下拉面板

在图像上单击鼠标，绘制第一个锚点。接着在下一个位置单击，在两个锚点之间可以生成一段直线路径。继续以单击的方式进行绘制，可以绘制出折线路径，如图 4-11 所示。当鼠标回到初始锚点时，光标右下角出现一个小圆圈，这时单击鼠标即可闭合路径。

曲线路径由平滑的锚点组成。使用【钢笔】工具在画面中单击，创建出的是尖角的锚点。想要绘制平滑的锚点，需要在所需位置单击，并按住鼠标左键拖动显示方向线。此时调整方向线的角度，曲线的弧度也随之发生变化，如图 4-12 所示。绘制完成后，将【钢笔】工具光标移至起点处，光标右下角出现一个小圆圈，这时单击鼠标即可闭合路径。

图 4-11 绘制折线路径

图 4-12 绘制曲线路径

提示

在使用【钢笔】工具进行绘制的过程中，可以按住 Ctrl 键切换为【直接选择】工具移动锚点，按住 Alt 键则切换为【转换点】工具，转换锚点性质。

【例 4-1】 使用【钢笔】工具选取图像。 📹 视频

(1) 选择【文件】|【打开】命令，打开素材图像。选择【钢笔】工具，在选项栏中设置绘图模式为【路径】。在图像上单击鼠标，绘制出第一个锚点。在线段结束的位置再次单击鼠标，并按住鼠标拖动出方向线调整路径段的弧度，如图 4-13 所示。

图 4-13 绘制路径

(2) 依次在图像上单击，确定锚点位置。当鼠标回到初始锚点时，光标右下角出现一个小圆圈，这时单击鼠标即可闭合路径，如图 4-14 所示。

图 4-14　闭合路径

(3) 在选项栏中单击【选区】按钮，在弹出的【建立选区】对话框中设置【羽化半径】为 2 像素，然后单击【确定】按钮将路径转换为选区，并选择【编辑】|【拷贝】命令复制选区内的图像，如图 4-15 所示。

(4) 选择【文件】|【打开】命令，打开【背景】图像文件。然后选择【编辑】|【粘贴】命令贴入实物图像，并按 Ctrl+T 键应用【自由变换】命令，调整贴入图像的大小及位置，如图 4-16 所示。

图 4-15　建立选区并复制图像　　　　图 4-16　贴入图像并调整位置

(6) 在【图层】面板中，双击刚贴入的图像图层，打开【图层样式】对话框。在对话框中选中【投影】选项，设置【混合模式】为【正片叠底】，投影颜色为 R:49 G:24 B:8，【不透明度】为 70%，【角度】为 70 度，【距离】为 75 像素，【扩展】为 0%，【大小】为 100 像素，然后单击【确定】按钮应用图层样式，如图 4-17 所示。

(7) 选择【文件】|【置入嵌入对象】命令，置入文字内容文件，并调整其位置及大小，得到如图 4-18 所示的设计效果。

图 4-17　添加【投影】样式　　　　　　图 4-18　置入图像

4.1.4　【自由钢笔】工具

【自由钢笔】工具也是绘制路径或形状的工具，但并不适合绘制精确的路径或形状。使用【自由钢笔】工具绘图时，在画面中按住鼠标左键并随意拖动，光标经过的区域即可形成路径或形状，如图 4-19 所示。

图 4-19　使用【自由钢笔】工具

在【自由钢笔】工具的选项栏中，选中【磁性的】复选框，可以将【自由钢笔】工具切换为【磁性钢笔】工具。使用该工具可以像使用【磁性套索】工具一样，会沿着对象的边缘自动添加锚点，快速勾勒出对象的轮廓。在【自由钢笔】工具的选项栏中单击 ⚙ 按钮，可以在弹出的如图 4-20 所示的【自由钢笔选项】下拉面板中进行设置。

图 4-20　【自由钢笔选项】
下拉面板

▽ 【曲线拟合】：控制最终路径对鼠标或压感笔移动的灵敏度，该值越高，生成的锚点越少，路径也越简单。

▽ 【磁性的】：选中【磁性的】复选框，可激活下面的设置参数。【宽度】用于设置磁性钢笔工具的检测范围，该值越大，工具的检测范围就越广；【对比】用于设置工具对图像边缘的敏感度，如果图像边缘与背景的色调比较接近，可将该值设置得大些；【频率】用于确定锚点的密度，该值越大，锚点的密度越大。

▽ 【钢笔压力】：如果计算机配置有数位板，则可以选中【钢笔压力】复选框，然后根据用户使用光笔时在数位板上的压力大小来控制检测宽度，钢笔压力的增加会使工具的检测宽度减小。

4.1.5　矢量图形工具

在 Photoshop 中，提供了【矩形】工具、【椭圆】工具、【三角形】工具、【多边形】工具、【直线】工具和【自定形状】工具 6 种基本形状绘制工具。

1．【矩形】工具

【矩形】工具用来绘制矩形、正方形或圆角矩形。在工具面板中选择【矩形】工具。在如图 4-21 所示的选项栏中可以设置绘图模式以及填充、描边等属性；单击工具 ⚙ 按钮，打开下拉面板，在该下拉面板中可以设置创建矩形的方法。

图 4-21　【矩形】工具选项栏

▽ 【方形】单选按钮：选择该单选按钮，会创建正方形图形。

▽ 【固定大小】单选按钮：选择该单选按钮，会按该选项右侧的 W 与 H 文本框设置的宽高尺寸创建矩形图形。

▽ 【比例】单选按钮：选择该单选按钮，会按该选项右侧的 W 与 H 文本框设置的宽高比例创建矩形图形。

▽ 【从中心】复选框：选中该复选框后，创建矩形时，鼠标在画面中的单击点即为矩形的中心，拖动鼠标创建矩形对象时将由中心向外扩展。

设置完成后，在画板中单击并拖动鼠标即可创建矩形，如图 4-22 所示。按住 Shift 键并拖动鼠标则可以创建正方形；按住 Alt 键并拖动鼠标会以单击点为中心向外创建矩形；按住 Shift+Alt 组合键会以单击点为中心向外创建正方形。

如果想要得到精确尺寸的矩形，可以在选择【矩形】工具后，在画面中单击，然后会弹出用于设置精确选项数值的【创建矩形】对话框，参数设置完毕后，单击【确定】按钮，即可得到精确尺寸的矩形，如图 4-23 所示。

图 4-22　创建矩形

图 4-23　精确创建矩形

提示

使用【矩形】工具还可以绘制带有圆角的矩形图形。选择【矩形】工具，在选项栏中设置圆角的半径后，在画面中拖动即可绘制圆角矩形，如图 4-24 所示；或者选择【矩形】工具后，在画面中单击，在弹出的【创建矩形】对话框中设置【半径】数值，如图 4-25 所示。设置完成后，单击【确定】按钮也可以创建圆角矩形。

图 4-24　设置圆角半径

图 4-25　创建圆角矩形

2.【椭圆】工具

【椭圆】工具用于创建椭圆形和圆形对象。选择【椭圆】工具后，该工具选项栏的设置及创建图形的操作方法与【矩形】工具基本相同，只是在其选项栏的【椭圆选项】下拉面板中少了【方形】单选按钮，而多了【圆(绘制直径或半径)】单选按钮，如图 4-26 所示。选择此单选按钮，可以以设置直径或半径的方式创建圆形图形。

图 4-26　【椭圆】工具选项栏

设置完成后，在画板中单击并拖动鼠标即可创建椭圆形；按住 Shift 键并拖动鼠标则可创建圆形，如图 4-27 所示。

图 4-27　使用【椭圆】工具

如果想要得到精确尺寸的椭圆形或圆形，可以在选择【椭圆】工具后，在画面中单击，然后会弹出用于设置精确选项数值的【创建椭圆】对话框，参数设置完毕后，单击【确定】按钮，即可得到精确尺寸的图形，如图 4-28 所示。

图 4-28　精确创建椭圆形

3.【三角形】工具

【三角形】工具用于创建三角形图形。在工具面板中选择【三角形】工具，在如图 4-29 所示的选项栏中，设置模式、填充、描边、宽、高、路径对齐、路径排列方式及其他形状和路径选项。

图 4-29　【三角形】工具选项栏

设置完成后，在画板中单击并拖动鼠标左键即可绘制三角形形状，如图 4-30 所示。按住 Shift 键并拖动可以创建等边三角形。

如果要绘制圆角三角形，可以在选项栏中指定圆角半径；或使用【三角形】工具在画布中单击，在弹出的【创建三角形】对话框中，选择【等边】和【从中心】复选框，并设置宽度、高度和圆角半径，然后单击【确定】按钮，如图 4-31 所示。

图 4-30　绘制三角形　　　　　图 4-31　绘制圆角三角形

如果要更改圆角半径，单击形状内的圆圈，然后向内拖动即可，如图4-32所示。

图 4-32　调整三角形圆角半径

4.【多边形】工具

【多边形】工具用来绘制多边形和星形图形。在工具面板中选择【多边形】工具，在工具选项栏中设置边数（或星形的顶点数）。设置完成后，在画板中单击并拖动鼠标即可绘制多边形形状，如图4-33所示。

图 4-33　使用【多边形】工具

如果要绘制星形，单击选项栏中的 按钮，在弹出的下拉面板中设置【星形比例】数值，再设置星形顶点数，即可在画板中绘制星形，如图4-34所示。

图 4-34　绘制星形

▽　【星形比例】：调整星形比例的百分比，以生成完美的星形。

▽　【平滑星形缩进】：选中此复选框，可在缩进星形边的同时使边缘平滑。

▽　【从中心】：选中此复选框，可以鼠标单击点为中心创建图形。

如果想要得到精确尺寸的多边形或星形，可以在选择【多边形】工具后，在画面中单击，会弹出用于设置精确选项数值的【创建多边形】对话框，参数设置完毕后，单击【确定】按钮，即可得到精确尺寸的图形，如图4-35所示。

图 4-35　精确创建多边形

5.【直线】工具

【直线】工具用来绘制直线和带箭头的直线，如图4-36所示。选择该工具后，单击并拖动鼠标可以创建直线，按住Shift键可以创建水平、垂直或以45°角为增量的直线。【直线】工具选项栏中的【粗细】文本框用于设置创建直线的宽度。单击 按钮，在弹出的下拉面板中可以设置箭头的形状大小，如图4-37所示。

图 4-36　使用【直线】工具　　　图 4-37　【直线】工具选项栏

6.【自定形状】工具

除了常规的几何图形，Photoshop 还内置了多种图案形状可供用户直接使用。使用【自定形状】工具或【形状】面板可以创建预设的形状、自定义的形状或外部提供的形状。

选择【自定形状】工具，在工具选项栏中设置【绘图模式】为【形状】，设置合适的填充颜色，然后单击【形状】旁的✓按钮，在打开的下拉面板中可以看到多个形状组，每个组中又包含多个形状。展开一个形状组，单击选择一个图案形状，如图 4-38 所示。

图 4-38　选择图案形状

在画面中，按住鼠标左键并拖动即可绘制该图形，如图 4-39 所示。如果要保持形状的比例，可以按住 Shift 键绘制图形。如果要使用其他方法创建图形，可以单击选项栏中的✿按钮，在弹出的如图 4-40 所示的下拉面板中进行设置。

图 4-39　创建图形　　　　　　　图 4-40　设置【自定形状】工具

选择【窗口】|【形状】命令，打开【形状】面板。在【形状】面板中，选中一个形状，然后按住鼠标左键并拖动即可绘制形状，如图 4-41 所示。

图 4-41　使用【形状】面板

除这些形状外，还可以调用旧版形状。单击【形状】面板上的面板菜单按钮，在弹出的快捷菜单中选择【旧版形状及其他】命令，随即【旧版形状及其他】形状组就会出现在列表的底部，展开其中的组即可看到多种形状，如图 4-42 所示。

提示

　　使用形状工具在文档窗口中单击并拖曳鼠标绘制出形状时，不要放开鼠标按键，同时按住空格键移动鼠标，可以移动形状；放开空格键继续拖曳鼠标，则可以调整形状大小。将这一操作连贯并重复运用，就可以动态调整形状的大小和位置。

图 4-42　载入旧版形状库

　　用户还可以将已有的形状导出为形状库文件。在【形状】面板中单击选择一个形状，单击【形状】面板上的面板菜单按钮，在弹出的菜单中选择【导出所选形状】命令。在打开的【另存为】对话框中找到合适的存储位置，设置合适的文件名称后，单击【保存】按钮即可存储形状文件，如图 4-43 所示。

图 4-43　导出形状

　　如果想要删除某个形状，则可以在【形状】面板中选中该形状，按住鼠标左键将其拖至【删除形状】按钮上，释放鼠标后即可删除所选形状，如图 4-44 所示。

图 4-44　删除形状

【例 4-2】　制作邮票效果。　视频

　　(1) 打开一幅素材图像，选择【自定形状】工具，在选项栏中设置绘制模式为【形状】，填充颜色为白色，单击【形状】选项右侧的 按钮，在弹出的下拉面板中选择邮票图形，如图 4-45 所示。

图 4-45　设置【自定形状】工具

(2) 在画布上按住 Shift 键并拖曳鼠标，绘制图形，如图 4-46 所示。

(3) 选择【图框】工具，单击选项栏中的 按钮，在绘制的图形上创建矩形图框，如图 4-47 所示。

图 4-46　绘制图形　　　　　　　　　　　图 4-47　创建图框

(4) 选择【文件】|【置入嵌入对象】命令，在【置入嵌入的对象】对话框中选择所需的素材图像，如图 4-48 所示，单击【置入】按钮。

图 4-48　置入图像

(5) 在【图层】面板中双击形状图层，打开【图层样式】对话框。在对话框中选中【投影】选项，设置【不透明度】数值为 50%，【距离】数值为 32 像素，【大小】数值为 90 像素，然后单击【确定】按钮应用图层样式，如图 4-49 所示。

图 4-49　添加【投影】样式

4.2 路径的编辑操作

在进行矢量绘图时，最常用到的就是【路径】和【形状】这两种矢量对象。【形状】对象是单独的图层，其操作方式与图层操作基本相同；【路径】对象是一种非实体对象，不依附于图层，也不具有填色和描边等属性，它的操作方法有所不同，要想调整【路径】对象就需要特定的工具。

4.2.1 改变锚点类型

使用【直接选择】工具 和【转换点】工具 ，可以转换路径中的锚点类型。

一般先使用【直接选择】工具选择所需操作的路径锚点，再使用工具面板中的【转换点】工具，对选择的锚点进行锚点类型的转换。

▽ 使用【转换点】工具单击路径上的任意锚点，可以直接转换该锚点的类型为直角点，如图 4-50 所示。

▽ 使用【转换点】工具在路径的任意锚点上单击并拖动鼠标，可以改变该锚点的类型为平滑点，如图 4-51 所示。

图 4-50　转换为直角点　　　　　　　　图 4-51　转换为平滑点

▽ 使用【转换点】工具在路径的任意锚点的方向点上单击并拖动鼠标，可以改变该锚点的类型为曲线角点，如图 4-52 所示。

▽ 按住 Alt 键，使用【转换点】工具在路径上的平滑点和曲线角点上单击，可以改变该锚点的类型为复合角点，如图 4-53 所示。

图 4-52　转换为曲线角点　　　　　　　　图 4-53　转换为复合角点

> 🖱 提示
>
> 　　使用【直接选择】工具时，按住 Ctrl+Alt 组合键可切换为【转换点】工具，单击并拖动锚点，可将其转换为平滑点；按住 Ctrl+Alt 组合键并单击平滑点，可将其转换为角点。

4.2.2 移动路径

如果绘制的是【形状】对象或【像素】对象，那么只需要选中该图层，然后使用【移动】工具进行移动即可。如果绘制的是【路径】对象，要想移动路径，可以选择【路径选择】工具，然后在路径上单击，即可选中该路径。然后按住鼠标左键并拖动，即可移动路径位置，如图 4-54 所示。

图 4-54　移动路径

4.2.3　路径操作

在使用【钢笔】工具或形状工具创建多个路径时，可以在选项栏中单击【路径操作】按钮，在弹出的下拉列表中选择【合并形状】【减去顶层形状】【与形状区域相交】或【排除重叠形状】选项，可以设置路径运算的方式，创建特殊效果的图形形状，如图 4-55 所示。

图 4-55　路径操作选项

▽　【合并形状】：该选项可以将新绘制的路径添加到原有路径中，如图 4-56 所示。
▽　【减去顶层形状】：该选项将从原有路径中减去新绘制的路径，如图 4-57 所示。

图 4-56　合并形状　　　　　　　　　　　　　　图 4-57　减去顶层形状

▽　【与形状区域相交】：该选项得到的路径为新绘制的路径与原有路径的交叉区域，如图 4-58 所示。
▽　【排除重叠形状】：该选项得到的路径为新绘制的路径与原有路径重叠区域以外的路径形状，如图 4-59 所示。

图 4-58　与形状区域相交　　　　　　　　　　　图 4-59　排除重叠形状

4.2.4　变换路径

在图像文件窗口中选择所需编辑的路径后，选择【编辑】|【自由变换路径】命令，或者选择【编辑】|【变换路径】命令的级联菜单中的相关命令，在图像文件窗口中显示定界框后，拖动定界框上的控制点即可对路径进行缩放、旋转、斜切和扭曲等变换操作，如图 4-60 所示。变换路径的方法与变换图像的方法相同。

使用【直接选择】工具选择路径的锚点，再选择【编辑】|【自由变换点】命令，或者选择【编辑】|【变换点】命令的子菜单中的相关命令，可以编辑图像文件窗口中显示的控制点，从而实现路径部分线段的形状变换，如图 4-61 所示。

图 4-60　变换路径　　　　　　　　　图 4-61　变换部分路径

4.2.5　加载形状库

用户可以调用外部的形状库文件。单击【形状】面板上的面板菜单按钮，在弹出的菜单中选择【导入形状】命令。在打开的【载入】对话框中，单击选择形状库文件，然后单击【载入】按钮，即可在【形状】面板中看到新载入的形状，如图 4-62 所示。

图 4-62　载入形状

【例 4-3】 导入形状库，制作网页图标。📹视频

(1) 选择【文件】|【新建】命令，打开【新建文档】对话框。新建一个【宽度】和【高度】均为 600 像素、【分辨率】为 300 像素 / 英寸的文档，如图 4-63 所示。

(2) 选择【矩形】工具，在选项栏中设置工具模式为【形状】，然后使用【矩形】工具在图像中央单击，打开【创建矩形】对话框。在该对话框中，设置【宽度】和【高度】均为 400 像素，【半径】选项下的数值均为 60 像素，选中【从中心】复选框，然后单击【确定】按钮，如图 4-64 所示。

图 4-63　新建文档

图 4-64　创建圆角矩形

(3) 在【样式】面板中，单击应用【蓝色玻璃(按钮)】样式。选择【图层】|【图层样式】|【缩放效果】命令，打开【缩放图层效果】对话框，设置【缩放】数值为 25%，然后单击【确定】按钮，如图 4-65 所示。

图 4-65　添加样式

(4) 选择【自定形状】工具，在选项栏中单击【形状】选项右侧的 按钮，在弹出的下拉面板中单击 按钮，在打开的面板菜单中选择【导入形状】命令，在打开的【载入】对话框中，选择【网页实用图标形状】样式库，单击【载入】按钮载入形状库，如图 4-66 所示。

图 4-66　载入形状

（5）在选项栏的【形状】下拉面板中，单击导入的形状库中的【音量】形状样式，使用【自定形状】工具在圆角矩形中央单击，并按住 Alt+Shift 组合键拖动绘制形状，然后设置【填充】为白色，效果如图 4-67 所示。

图 4-67　绘制形状

> **提示**
>
> 　　Photoshop 提供了开放的接口，用户可以从网络上下载各种图形库，载入 Photoshop 中使用，以便更加高效地完成绘图工作。需要注意的是，在 Photoshop 中加载的形状、样式和动作等都会占用系统资源，导致 Photoshop 的处理速度会变慢。外部加载的形状库在使用完后最好删除，以便给 Photoshop 减负。

4.2.6　定义为自定形状

如果某个矢量图形比较常用，则可以将其定义为【自定形状】，以便于随时在【自定形状】工具或【形状】面板中使用。选择需要定义的路径或形状图层，选择【编辑】|【定义自定形状】命令，在打开的【形状名称】对话框中设置合适的名称，单击【确定】按钮完成定义操作，如图 4-68 所示。此时在【形状】面板中就能看到定义的形状。

图 4-68　定义自定形状

【例 4-4】 定义自定形状。

（1）在 Illustrator 中，打开一个图形文件，并使用【选择】工具选中图形，按 Ctrl+C 组合键复制图形，如图 4-69 所示。

（2）在 Photoshop 中，选择【文件】|【打开】命令，打开一个图像文件，如图 4-70 所示。

图 4-69　复制图形

图 4-70　打开图像

(3) 按 Ctrl+V 组合键，在打开的【粘贴】对话框中，选中【路径】单选按钮，然后单击【确定】按钮，如图 4-71 所示。

(4) 选择【编辑】|【定义自定形状】命令，打开【形状名称】对话框。在该对话框的【名称】文本框中输入 "logo"，然后单击【确定】按钮，如图 4-72 所示。选择【自定形状】工具，在选项栏中单击【自定形状】按钮，在弹出的下拉面板中可以查看刚定义的形状。

图 4-71　粘贴路径

图 4-72　定义自定形状

4.3　使用【路径】面板

【路径】面板用于保存和管理路径，面板中显示了每条存储的路径、当前工作路径和当前矢量蒙版的名称和缩览图。选择【窗口】|【路径】命令，可以打开如图 4-73 所示的【路径】面板。

在【路径】面板中可以对已创建的路径进行填充、描边、创建选区和保存路径等操作。单击【路径】面板右上角的面板菜单按钮，可以打开如图 4-74 所示的路径菜单。菜单命令和【路径】面板中的按钮功能大致相同。

▽ 【用前景色填充路径】按钮 ●：用设置好的前景色填充当前路径，且删除路径后，填充颜色依然存在。

▽ 【用画笔描边路径】按钮 ○：使用设置好的画笔样式沿路径描边。描边的大小由画笔大小决定。

▽ 【将路径作为选区载入】按钮 ⊙：将创建好的路径转换为选区。

▽ 【从选区生成工作路径】按钮 ◇：将创建好的选区转换为路径。

    ▽ 【添加蒙版】按钮 ▣：为创建的形状图层添加图层蒙版。

    ▽ 【创建新路径】按钮 ▣：可重新创建一个路径，且与原路径互不影响。

    ▽ 【删除当前路径】按钮 🗑：可删除当前路径。

图 4-73　【路径】面板　　　　　　　　　图 4-74　【路径】面板菜单

4.3.1　存储工作路径

    如果要存储工作路径而不重命名，可以将【工作路径】拖至【路径】面板底部的【创建新路径】按钮上释放；如果要存储并重命名工作路径，可以双击【工作路径】名称，或在面板菜单中选择【存储路径】命令，打开如图 4-75 所示的【存储路径】对话框。在该对话框中设置所需的路径名称后，单击【确定】按钮即可保存。

图 4-75　【存储路径】对话框

4.3.2　新建路径

    使用【钢笔】工具或形状工具绘制图形时，如果没有单击【创建新路径】按钮而直接绘制图形，那么创建的路径就是工作路径。工作路径是出现在【路径】面板中的临时路径，用于定义形状的轮廓。在【路径】面板中，可以在不影响【工作路径】层的情况下创建新的路径图层。用户只需在【路径】面板底部单击【创建新路径】按钮，即可在【工作路径】层的上方创建一个新的路径层，然后就可以在该路径中绘制新的路径了，如图 4-76 所示。需要说明的是，在新建的路径层中绘制的路径会保存在该路径层中，而不是像【工作路径】层中的路径那样是暂存的。如果要在新建路径时设置路径名称，可以按住 Alt 键单击【创建新路径】按钮，在打开的如图 4-77 所示的【新建路径】对话框中输入路径名称。

图 4-76　新建路径层　　　　　　　　　图 4-77　【新建路径】对话框

4.3.3 描边路径

在 Photoshop 中,用户可以为路径添加描边,创建丰富的边缘效果。创建路径后,单击【路径】面板中的【用画笔描边路径】按钮,可以使用【画笔】工具的当前设置对路径进行描边。

用户还可以在面板菜单中选择【描边路径】命令,或按住 Alt 键单击【用画笔描边路径】按钮,打开【描边路径】对话框。在其中可以选择画笔、铅笔、橡皮擦、背景橡皮擦、仿制图章、历史记录画笔、加深和减淡等工具描边路径。

【例 4-5】 在图像文件中,使用【描边路径】命令制作粉笔字效果。 ❤ 视频

(1) 选择【文件】|【打开】命令,打开素材图像,如图 4-78 所示。

(2) 在【图层】面板中右击文字图层,在弹出的快捷菜单中选择【创建工作路径】命令,如图 4-79 所示。

图 4-78　打开图像文件　　　　　　　　图 4-79　创建工作路径

(3) 在【图层】面板中单击【创建新图层】按钮,新建【图层 1】图层。在【图层】面板中,关闭文字图层视图,如图 4-80 所示。

(4) 选择【画笔】工具,在选项栏中设置画笔样式为硬边圆 10 像素,并按 Shift+X 快捷键切换前景色和背景色。选中【路径】面板,并按住 Alt 键单击【路径】面板中的【用画笔描边路径】按钮,打开【描边路径】对话框。在该对话框的【工具】下拉列表中选择【画笔】选项,并选中【模拟压力】复选框,然后单击【确定】按钮,如图 4-81 所示。

图 4-80　关闭文字图层视图　　　　　　图 4-81　用画笔描边路径

🖱️ **提示**

　如果在【描边路径】对话框中选中【模拟压力】复选框,则可以使描边的线条产生粗细变化。在描边路径前,需要先设置好工具的参数。

4.3.4 填充路径

填充路径是指用指定的颜色、图案或历史记录的快照填充路径内的区域。在进行路径填充前，先要设置好前景色。如果使用图案或历史记录的快照填充，还需要先将所需的图像定义成图案或创建历史记录的快照。在【路径】面板中单击【用前景色填充路径】按钮，可以直接使用预先设置的前景色填充路径。

在【路径】面板菜单中选择【填充路径】命令，或按住 Alt 键单击【路径】面板底部的【用前景色填充路径】按钮，打开如图 4-82 所示的【填充路径】对话框。在【填充路径】对话框中设置选项后，单击【确定】按钮即可使用指定的颜色和图案填充路径。

图 4-82　【填充路径】对话框

> **提示**
>
> 在【填充路径】对话框中，【内容】选项用于设置填充到路径中的内容对象，共有 9 种类型，分别是前景色、背景色、颜色、内容识别、图案、历史记录、黑色、50% 灰色和白色。【渲染】选项组用于设置应用填充的轮廓显示。用户可对轮廓的【羽化半径】参数进行设置，以平滑路径轮廓。

4.3.5 路径与选区的转换

在 Photoshop 中，除使用【钢笔】工具和形状工具创建路径外，还可以通过图像文件窗口中的选区来创建路径。要想通过选区来创建路径，用户只需在创建选区后单击【路径】面板底部的【从选区生成工作路径】按钮 ◇，即可将选区转换为路径。

在 Photoshop 中，不但能够将选区转换为路径，而且能够将所选路径转换为选区进行处理。要想转换绘制的路径为选区，可以选择【路径】面板中的【将路径作为选区载入】按钮 ○。如果操作的路径是开放路径，那么在转换为选区的过程中，会自动将该路径的起始点和终止点接在一起，从而形成封闭的选区。

【例 4-6】 在图像文件中，将路径作为选区载入。 视频

(1) 选择【文件】|【打开】命令，打开素材图像。选择【钢笔】工具，在选项栏中单击【选择工作模式】按钮，在弹出的选项中选择【路径】选项，然后在图像中创建工作路径，如图 4-83 所示。

(2) 单击【路径】面板中的【将路径作为选区载入】按钮，将路径转换为选区，如图 4-84 所示。

(3) 选择【文件】|【打开】命令，打开另一个素材文件，并按 Ctrl+A 快捷键全选图像画面，然后按 Ctrl+C 快捷键复制图像，如图 4-85 所示。

(4) 返回图像文件，选择【编辑】|【选择性粘贴】|【贴入】命令贴入素材图像，并按 Ctrl+T 快捷键应用【自由变换】命令调整图像大小，如图 4-86 所示。

图 4-83　创建路径

图 4-84　将路径作为选区载入

图 4-85　复制图像

图 4-86　贴入图像并调整大小

4.3.6　删除路径

要想删除图像文件中不需要的路径，可以通过【路径选择】工具选择该路径，然后直接按 Delete 键删除。要想删除整个路径图层中的路径，可以在【路径】面板中选择该路径图层，再将其拖至【删除当前路径】按钮上后释放鼠标，即可删除整个路径图层，如图 4-87 所示。用户也可以通过选择【路径】面板菜单中的【删除路径】命令删除路径。

图 4-87　删除路径

4.4　实例演练

本章的实例演练为绘制计算器工具图标，用户通过练习从而巩固本章所学知识。

【例 4-7】　绘制计算器工具图标。🎬 视频

(1) 启动 Photoshop，选择【文件】|【新建】命令，打开【新建文档】对话框。在对话框中输入文档名称，设置【宽度】和【高度】数值均为 600 像素，【分辨率】数值为 300

像素 / 英寸，【颜色模式】为【RGB 颜色】，然后单击【创建】按钮，如图 4-88 所示。

(2) 选择【视图】|【显示】|【网格】命令，显示网格。选择【矩形】工具，在选项栏中设置工具工作模式为【形状】，【填充】为 R:204 G:204 B:204，然后在画板中心单击，打开【创建矩形】对话框。在对话框中设置【宽度】和【高度】数值均为 512 像素，【半径】数值都为 90 像素，选中【从中心】复选框，然后单击【确定】按钮创建圆角矩形，生成【矩形 1】图层，如图 4-89 所示。

图 4-88　新建文档　　　　　　　　　　　　图 4-89　绘制图形

(3) 在【图层】面板中双击【矩形 1】图层，打开【图层样式】对话框。在对话框中选中【渐变叠加】选项，设置【混合模式】为【叠加】，【不透明度】数值为 50%，设置渐变填色为不透明度 20% 的 R:0 G:0 B:0 至 R:255 G:255 B:255，【缩放】数值为 120%，如图 4-90 所示。

(4) 在【图层样式】对话框中选中【投影】选项，设置【混合模式】为【正片叠底】，投影颜色为 R:0 G:0 B:0，【不透明度】数值为 80%，【距离】数值为 9 像素，【大小】数值为 9 像素，如图 4-91 所示。

图 4-90　添加【渐变叠加】样式　　　　　　图 4-91　添加【投影】样式

(5) 在【图层样式】对话框中选中【内阴影】选项，设置【混合模式】为【线性减淡 (添加)】，内阴影颜色为 R:255 G:255 B:255，【不透明度】数值为 10%，取消选中【使用全局光】复选框，设置【角度】数值为 −90 度，【距离】数值为 3 像素，然后单击【确定】按钮应用图层样式，如图 4-92 所示。

(6) 继续选择【矩形】工具，在选项栏中设置工具工作模式为【形状】，【填充】为 R:44 G:44 B:44，然后在画板中心单击，打开【创建矩形】对话框。在对话框中设置【宽度】和【高度】数值为 460 像素，【半径】数值都为 70 像素，选中【从中心】复选框，然后单击【确定】按钮创建圆角矩形，如图 4-93 所示，生成【矩形 2】图层。

图 4-92 添加【内阴影】样式   图 4-93 创建圆角矩形

(7) 在【图层】面板中双击【矩形 2】图层，打开【图层样式】对话框。在对话框中选中【渐变叠加】选项，设置【混合模式】为【正常】，【不透明度】数值为 15%，【样式】为【对称的】，设置渐变填色为 R:0 G:0 B:0 至 R:255 G:255 B:255，选中【反向】复选框，如图 4-94 所示。

(8) 在【图层样式】对话框中选中【描边】选项，设置【大小】数值为 2 像素，【位置】为【内部】，【混合模式】为【正常】，【填充类型】为【颜色】，颜色为 R:0 G:0 B:0，如图 4-95 所示。

图 4-94 添加【渐变叠加】样式   图 4-95 添加【描边】样式

(9) 在【图层样式】对话框中选中【投影】选项，设置【混合模式】为【正常】，投影颜色为 R:255 G:255 B:255，【不透明度】数值为 75%，【距离】数值为 3 像素，如图 4-96 所示。

(10) 在【图层样式】对话框中选中【内发光】选项，设置【混合模式】为【正常】，【不透明度】为 5%，内发光颜色为 R:255 G:255 B:255，选中【居中】单选按钮，如图 4-97 所示，单击【确定】按钮应用图层样式。

图 4-96　添加【投影】样式

图 4-97　添加【内发光】样式

(11) 选择【矩形】工具，在选项栏中设置工具工作模式为【形状】，【填充】为 R:190 G:190 B:190，然后在画板中心单击，打开【创建矩形】对话框。在对话框中设置【宽度】和【高度】数值为 150 像素，【半径】数值都为 30 像素，取消选中【从中心】复选框，然后单击【确定】按钮创建圆角矩形，如图 4-98 所示，生成【矩形 3】图层。

(12) 在【图层】面板中双击【矩形 3】图层，打开【图层样式】对话框。在对话框中选中【描边】选项，设置【大小】数值为 3 像素，【位置】为【外部】，【填充类型】为【颜色】，颜色为 R:209 G:209 B:209，如图 4-99 所示。

图 4-98　创建圆角矩形

图 4-99　添加【描边】样式

(13) 在【图层样式】对话框中选中【内发光】选项，设置【混合模式】为【正常】，【不透明度】数值为 40%，内发光颜色为 R:255 G:255 B:255，选中【边缘】单选按钮，设置【大小】数值为 8 像素，如图 4-100 所示。

(14) 在【图层样式】对话框中选中【内阴影】选项，设置【混合模式】为【正常】，【不透明度】数值为 80%，【距离】数值为 20 像素，【大小】数值为 20 像素，如图 4-101 所示。

(15) 在【图层样式】对话框中选中【外发光】选项，设置【混合模式】为【正常】，【不透明度】数值为 75%，外发光颜色为 R:0 G:0 B:0，【扩展】数值为 100%，【大小】数值为 5 像素，如图 4-102 所示。

(16) 在【图层样式】对话框中选中【投影】选项，设置【混合模式】为【正常】，投影颜色为 R:255 G:255 B:255，【不透明度】数值为 30%，【距离】数值为 5 像素，【扩展】数值为 100%，【大小】数值为 5 像素，然后单击【确定】按钮，如图 4-103 所示。

图 4-100　添加【内发光】样式

图 4-101　添加【内阴影】样式

图 4-102　添加【外发光】样式

图 4-103　添加【投影】样式

(17) 选择【移动】工具，按 Ctrl+Alt 键移动并复制【矩形 3】图层，生成【矩形 3 拷贝】、【矩形 3 拷贝 2】和【矩形 3 拷贝 3】图层，如图 4-104 所示。

(18) 在【图层】面板中双击【矩形 3 拷贝 3】图层缩览图，打开【拾色器 (纯色)】对话框，更改填充色为 R:244 G:159 B:24，如图 4-105 所示。

图 4-104　移动、复制图形

图 4-105　更改颜色

(19) 在【图层】面板中双击【矩形 3 拷贝 3】图层，打开【图层样式】对话框。在对话框中选中【渐变叠加】选项，设置【混合模式】为【线性加深】，【不透明度】数值为 20%，如图 4-106 所示。

(20) 在【图层样式】对话框中选中【内阴影】选项，设置【混合模式】为【正常】，【不透明度】数值为 50%，【距离】数值为 6 像素，【大小】数值为 6 像素，如图 4-107 所示。

图 4-106　添加【渐变叠加】样式

图 4-107　添加【内阴影】样式

(21) 在【图层样式】对话框中选中【描边】选项，设置【大小】数值为 3 像素，【位置】为【外部】，【填充类型】为【颜色】，颜色为 R:244 G:159 B:24，然后单击【确定】按钮应用图层样式，如图 4-108 所示。

(22) 选择【文件】|【置入嵌入对象】命令，置入所需的等号图标文件，并在选项栏中选中【保持长宽比】按钮，设置 W 数值为 50%，如图 4-109 所示。

图 4-108　添加【描边】样式

图 4-109　置入图像

(23) 在【图层】面板中双击刚置入的等号图标图层，打开【图层样式】对话框。在对话框中选中【颜色叠加】选项，设置【混合模式】为【正常】，叠加颜色为白色，如图 4-110 所示。

(24) 在【图层样式】对话框中选中【投影】选项，设置【混合模式】为【正片叠底】，投影颜色为黑色，【不透明度】数值为 40%，【距离】数值为 4 像素，【大小】数值为 4 像素，然后单击【确定】按钮应用图层样式，如图 4-111 所示。

(25) 在【图层】面板中选中【矩形 3】图层。选择【文件】|【置入嵌入对象】命令，置入所需的加号图标文件，并在选项栏中选中【保持长宽比】按钮，设置 W 数值为 50%，如图 4-112 所示。

(26) 在【图层】面板中双击刚置入的加号图标图层，打开【图层样式】对话框。在对话框中选中【颜色叠加】选项，设置【混合模式】为【正常】，叠加颜色为 R:129 G:129 B:129，如图 4-113 所示。

图 4-110　添加【颜色叠加】样式

图 4-111　添加【投影】样式

图 4-112　置入图像

图 4-113　添加【颜色叠加】样式

(27) 在【图层样式】对话框中选中【内阴影】选项，设置【混合模式】为【正片叠底】，内阴影颜色为黑色，【不透明度】数值为 35%，【距离】数值为 7 像素，【大小】数值为 7 像素，如图 4-114 所示。

(28) 在【图层样式】对话框中，选中【投影】选项，设置【混合模式】为【正片叠底】，投影颜色为黑色，【不透明度】数值为 40%，【距离】数值为 4 像素，【大小】数值为 4 像素，然后单击【确定】按钮应用图层样式，如图 4-115 所示。

图 4-114　添加【内阴影】样式

图 4-115　添加【投影】样式

(29) 在【图层】面板中选中【矩形 3 拷贝】。选择【文件】|【置入嵌入对象】命令，置入所需的减号图标文件，并在选项栏中选中【保持长宽比】按钮，设置 W 数值为50%。然后在【图层】面板中右击【加号】图层，在弹出的快捷菜单中选择【拷贝图层样式】命令，再在【减号】图层上右击，在弹出的快捷菜单中选择【粘贴图层样式】命令，效果如图 4-116 所示。

(30) 在【图层】面板中选中【矩形 3 拷贝 2】。选择【文件】|【置入嵌入对象】命令，置入所需的除号图标文件，并在选项栏中选中【保持长宽比】按钮，设置 W 数值为50%。然后在【图层】面板中右击【除号】图层，在弹出的快捷菜单中选择【粘贴图层样式】命令，结果如图 4-117 所示，完成计算器工具图标的绘制。

图 4-116　添加减号图标　　　　　　　　图 4-117　添加除号图标

4.5　习题

1. 如何动态绘图？
2. 使用【矩形】工具制作如图 4-118 所示的图像效果。
3. 使用【自定形状】工具绘制如图 4-119 所示的图形。

图 4-118　图像效果(1)　　　　　　　　图 4-119　图像效果(2)

第 5 章
绘画和修饰工具的应用

　　Photoshop 不仅可以用于图像编辑和平面设计领域，还可以用于数字绘画领域。在 Photoshop 中，数字绘画主要使用【画笔】工具和【橡皮擦】工具，除此之外，配合【画笔设置】面板可以轻松地绘制出不同效果的笔触。

本章重点

- 绘图工具
- 设置画笔

- 修复工具组
- 修饰工具组

二维码教学视频

5.1 绘画工具

数字绘画是 Photoshop 的重要功能之一。在数字绘画方面，Photoshop 提供了强大的绘制工具及方便的擦除工具，可以模拟不同的画布、不同的颜料，可轻松绘制出油画、水彩画、铅笔画、钢笔画等效果。这些工具除了在数字绘画方面能够使用到，在修图或平面设计、服装设计等方面也经常使用到。

5.1.1 【画笔】工具

【画笔】工具类似于传统的毛笔，它使用前景色绘制线条、涂抹颜色，可以轻松地模拟真实的绘画效果，也可以用来修改通道和蒙版效果，是 Photoshop 中最为常用的绘画工具。使用【画笔】工具绘制的方法很简单，在画面中单击，能够绘制出一个圆点。在画面中按住鼠标左键并拖动，即可轻松绘制出线条。

在选择【画笔】工具后，在选项栏中单击 按钮，或在画面中右击，打开如图 5-1 所示的【画笔预设】选取器。在【画笔预设】选取器中包含多组画笔，展开其中一个画笔组，然后单击选择一种合适的笔尖，并通过拖动滑块设置画笔的大小和硬度，如图 5-2 所示。使用过的画笔笔尖会显示在【画笔预设】选取器中。

图 5-1 【画笔预设】选取器

图 5-2 设置画笔

▽ 【大小】：通过设置数值或拖动滑块可以调整画笔笔尖的大小。在英文输入法状态下，可以按 [键或] 键来减小或增大画笔笔尖的大小。

▽ 【硬度】：当使用实边圆、柔边圆和书法画笔时，硬度数值可以调整。数值越大，画笔边缘越清晰；数值越小，画笔边缘越模糊。也可以使用快捷键调整画笔硬度，按下 Shift+[键可减小画笔的硬度，按下 Shift+] 键则可增加画笔的硬度。

提示

使用画笔工具时，在画面中单击，然后按住 Shift 键单击画面中任意一点，两点之间会以直线连接。按住 Shift 键还可以绘制水平、垂直或以 45° 角为增量的直线。

除设置画笔的各项参数选项外，还可以在如图 5-3 所示的选项栏中调节画笔绘制效果。其中，主要的几项参数如下。

图 5-3 【画笔】工具选项栏

▽ 【模式】选项：该下拉列表用于设置在绘画过程中画笔与图像产生特殊混合效果。

▽ 【不透明度】选项：用于设置画笔效果的不透明度，数值为 100% 时表示画笔效果完全不透明，而数值为 1% 时则表示画笔效果接近完全透明。

▽ 【流量】选项：用于设置【画笔】工具应用油彩的速度，该数值较低会形成较轻的描边效果。

提示

使用【画笔】【混合器画笔】【铅笔】及【橡皮擦】工具可以绘制对称图形。在使用这些工具时，单击选项栏中的【设置绘画的对称选项】按钮，可从以下几种可用的对称类型中进行选择：垂直、水平、双轴、对角、波纹、圆形、螺旋线、平行线、径向、曼陀罗，如图 5-4 所示。

图 5-4 设置对称选项

【例 5-1】 使用【画笔】工具为图像上色。 📹视频

(1) 选择【文件】|【打开】命令，打开需要处理的照片，并在【图层】面板中单击【创建新图层】按钮，新建【图层 1】图层，如图 5-5 所示。

(2) 选择【画笔】工具，并单击选项栏中的【画笔预设】选取器，在弹出的下拉面板中选择柔边圆画笔样式，设置【大小】数值为 500 像素，【不透明度】数值为 30%，并在【颜色】面板中设置前景色为 R:241 G:148 B:112，如图 5-6 所示。

图 5-5 打开图像

图 5-6 设置画笔

(3) 在【图层】面板中设置【图层 1】图层的混合模式为【正片叠底】、【不透明度】数值为 80%。然后使用【画笔】工具给人物添加眼影，如图 5-7 所示。

(4) 在【图层】面板中单击【创建新图层】按钮，新建【图层 2】图层，设置【图层 2】图层的混合模式为【叠加】、不透明度数值为 80%，如图 5-8 所示。

图 5-7　使用【画笔】工具（一）　　　　　图 5-8　设置图层

(5) 在【颜色】面板中，设置前景色为 R:229 G:0 B:132。然后使用【画笔】工具在人物的嘴唇处涂抹，如图 5-9 所示。

(6) 选择【橡皮擦】工具，在选项栏中设置【不透明度】数值为 30%。然后使用【橡皮擦】工具在嘴唇边缘附近涂抹以修饰涂抹效果，如图 5-10 所示。

图 5-9　使用【画笔】工具（二）　　　　　图 5-10　使用【橡皮擦】工具

5.1.2　【铅笔】工具

【铅笔】工具通常用于绘制一些棱角比较突出、无边缘发散效果的线条。选择【铅笔】工具后，选项栏中大部分参数选项的设置与【画笔】工具基本相同，如图 5-11 所示。

图 5-11　【铅笔】工具选项栏

【铅笔】工具的使用方法非常简单，单击可点出一个笔尖图案或圆点；单击并拖曳鼠标可以绘制出线条。如果绘制的线条不准确，可以按 Ctrl+Z 快捷键撤销操作，或者使用【橡皮擦】工具将多余的线条擦除。

提示

　　【铅笔】工具的选项栏中有一个【自动抹除】复选框。选中该复选框后，在使用【铅笔】工具进行绘制时，如果光标的中心在前景色上，则该区域将被涂抹成背景色；如果在开始拖动时，光标的中心在不包含前景色的区域上，则该区域将被绘制成前景色，如图 5-12 所示。

图 5-12　使用【自动抹除】选项

5.1.3　【颜色替换】工具

　　【颜色替换】工具可以简化图像中特定颜色的替换，并使用校正颜色在目标颜色上绘画。该工具可以设置颜色取样的方式和替换颜色的范围。【颜色替换】工具不适用于【位图】【索引】或【多通道】颜色模式的图像。

　　更改颜色之前，首先需要设置合适的前景色。选择【颜色替换】工具，在选项栏中设置合适的画笔样式，在不设置其他参数的情况下，按住鼠标左键并拖动进行涂抹。这样光标经过的位置的颜色发生了变化，如图 5-13 所示。

图 5-13　使用【颜色替换】工具

▽　【取样：连续】按钮：可以在拖动时连续对颜色取样。

▽　【取样：一次】按钮：可以只替换包含第一次单击的颜色区域中的目标颜色。

▽　【取样：背景色板】按钮：可以只替换包含当前背景色的区域。

▽　【限制】下拉列表：在此下拉列表中，【不连续】选项用于替换出现在光标指针下任何位置的颜色样本；【连续】选项用于替换与紧挨在光标指针下的颜色邻近的颜色；【查找边缘】选项用于替换包含样本颜色的连续区域，同时更好地保留形状边缘的锐化程度。

选项栏中的【容差】数值对替换效果影响非常大。容差值控制着可替换的颜色区域的大小，容差值越大，可替换的颜色范围越大，如图 5-14 所示。

图 5-14　设置【容差】

在选项栏的【模式】下拉列表中可选择前景色与原始图像相混合的模式，其中包括【色相】【饱和度】【颜色】和【明度】，效果如图 5-15 所示。默认选项为【颜色】，表示可以同时替换色相、饱和度和明度。

(a) 色相　　　　　　　 (b) 饱和度　　　　　　　 (c) 颜色　　　　　　　 (d) 明度

图 5-15　设置【模式】

5.1.4　【历史记录画笔】工具

【历史记录画笔】工具以【历史记录】面板中的操作步骤作为【源】，可以将图像恢复到编辑过程中的某一步骤状态，或将部分图像恢复为原样。

【例 5-2】　使用【历史记录画笔】工具调整图像。 📹视频

(1) 打开一个图像文件，并按 Ctrl+J 快捷键复制【背景】图层，如图 5-16 所示。

(2) 选择【图像】|【调整】|【去色】命令，并打开【历史记录】面板，如图 5-17 所示。

图 5-16　打开图像并复制图层

图 5-17　打开【历史记录】面板

(3) 编辑图像后，想要将部分内容恢复到哪一个操作阶段的效果，就在【历史记录】面板中该操作步骤前单击，所选步骤前会显示【设置历史记录画笔的源】图标，如图 5-18 所示。

(4) 选择【历史记录画笔】工具,在选项栏中设置画笔样式为【柔边圆】400 像素,设置【不透明度】数值为 50%,然后使用【历史记录画笔】工具在图像中涂抹,即可将涂抹部分恢复到选中的历史记录状态,如图 5-19 所示。

图 5-18　设置历史记录画笔的源　　　　图 5-19　使用【历史记录画笔】工具

5.2 设置画笔

【画笔设置】面板是 Photoshop 最重要的面板之一,不仅选项多,用途也很广,绘画类、修饰类、仿制类工具笔尖的选择和参数设定都要在其中完成。

5.2.1 自定义画笔样式

选择【窗口】|【画笔设置】命令,或单击【画笔】工具选项栏中的【切换画笔面板】按钮☑,或按快捷键 F5 可以打开【画笔设置】面板。

1.【画笔笔尖形状】选项

在【画笔设置】面板的左侧选项列表中,单击选项名称,在右侧的区域中显示该选项的所有参数设置,可在【画笔设置】面板下方的预览区域查看画笔样式。默认情况下,打开【画笔设置】面板后显示【画笔笔尖形状】选项,在其右侧的选项中可以设置画笔样式的笔尖形状、大小、角度、圆度、硬度、间距等基本参数选项,如图 5-20所示。

图 5-20　【画笔笔尖形状】选项

▽ 画笔笔触样式列表:在此列表中有各种画笔笔触样式可供选择,用户可以选择默认的笔触样式,也可以载入需要的画笔进行绘制。

▽ 【大小】数值框:在该数值框中可以设置 1~2500 像素的笔触大小,也可以通过拖动下面的滑块进行设置,如图 5-21 所示。

▽ 【翻转 X】和【翻转 Y】复选框:选中【翻转 X】复选框可以改变画笔在 X 轴即

水平方向上的方向；选中【翻转 Y】复选框可以修改画笔在 Y 轴即垂直方向上的
方向。

▽ 【角度】数值框：在该数值框中输入数值可以调整画笔在水平方向上的旋转角度，
取值范围为 -180°~180°，也可以通过在右侧的预览框中拖动水平轴进行设置，
效果如图 5-22 所示。

▽ 【圆度】数值框：在该数值框中输入数值，或在右侧的预览框中拖动节点，可以
设置画笔短轴与长轴的比率，取值范围是 0~100%。设置的数值越大，笔触越接近
圆形；设置的数值越小，笔触越接近线性，如图 5-23 所示。

图 5-21　设置大小　　　　图 5-22　设置角度　　　　图 5-23　设置圆度

▽ 【硬度】数值框：用于调整笔触边缘的虚化程度，在右侧数值框中直接输入数值，
或拖动下方的滑块，可以在 0 和 100% 之间的范围内调整笔触的硬度。设置的数
值越高，笔触边缘越清晰；设置的数值越低，笔触边缘越模糊，如图 5-24 所示。

▽ 【间距】数值框：在该数值框中输入数值，或拖动下方的滑块，可以调整画笔每
两笔之间的距离。当输入的数值小于所选笔尖大小时，绘制出的是一条连续的线条，
当设置的数值大于所选笔尖大小时，绘制出的则是有间隔的线条，如图 5-25 所示。

图 5-24　设置硬度　　　　图 5-25　设置间距

2.【形状动态】选项

单击【画笔设置】面板左侧的【形状动态】选项，面板右侧会显示该选项对应的设置
参数，如画笔的大小抖动、最小直径、角度抖动和圆度抖动等，如图 5-26 所示。在该界
面中，设置抖动数值可以指定参数在一定范围内随机变换，数值越大，变化范围也越大。

3.【散布】选项

【散布】选项用来指定描边中笔迹的数量和位置，使画笔笔迹沿着绘制的线条扩散。单击【画笔设置】面板左侧的【散布】选项，面板右侧会显示该选项对应的设置参数，如图 5-27 所示。用户可以在界面中对散布的方式、数量和散布的随机性进行调整。数值越大，变化范围也越大。

图 5-26　【形状动态】选项　　　　　　　图 5-27　【散布】选项

4.【纹理】选项

【纹理】选项用于设置画笔笔触的纹理，使之可以绘制出带有纹理的笔触效果。单击【画笔设置】面板左侧的【纹理】选项，面板右侧会显示该选项对应的设置参数，如图 5-28 所示。用户可以在界面中对图案的亮度、对比度、模式等选项进行设置。

5.【双重画笔】选项

【双重画笔】选项是通过组合两个笔尖来创建画笔笔迹，它可在主画笔的画笔描边内应用第二个画笔纹理，并且仅绘制两个画笔描边的交叉区域。如果要使用双重画笔，应首先在【画笔设置】面板的【画笔笔尖形状】选项中设置主要笔尖的选项，然后从【画笔设置】面板的【双重画笔】选项部分选择另一个画笔笔尖，如图 5-29 所示。

图 5-28　【纹理】选项　　　　　　　图 5-29　【双重画笔】选项

6.【颜色动态】选项

选中【颜色动态】选项可以绘制出颜色随机性很强的彩色斑点效果。单击【画笔设置】面板左侧的【颜色动态】选项，面板右侧会显示该选项对应的设置参数，如图 5-30 所示。用户在设置颜色动态之前，首先需要设置合适的前景色与背景色，然后在【颜色动态】设置界面进行其他参数选项的设置。

7.【传递】选项

【传递】选项用于设置笔触的不透明度、流量、湿度、混合等，用来控制颜色在描边路线中的改变方式。单击【画笔设置】面板左侧的【传递】选项，右侧会显示该选项对应的设置参数，如图 5-31 所示。【传递】选项常用于光效的制作。

图 5-30　【颜色动态】选项　　　　　图 5-31　【传递】选项

8.【画笔笔势】选项

【画笔笔势】选项是针对特定笔刷样式进行调整的选项。在【画笔】面板菜单中选择【旧版画笔】命令，载入【旧版画笔】组，然后打开【默认画笔】组，选择一个毛刷画笔，如图 5-32所示。单击【画笔设置】面板左侧的【画笔笔势】选项，面板右侧会显示该选项对应的设置参数，如图 5-33 所示。

图 5-32　选择画笔

图 5-33　【画笔笔势】选项

9. 其他选项

【画笔设置】面板左侧还有 5 个单独的选项，包括【杂色】【湿边】【建立】【平滑】和【保护纹理】。这 5 个选项没有控制参数，需要使用时，只需将其选择即可。

▽ 【杂色】选项：此选项可以为个别画笔笔尖增加额外的随机性。当应用柔化笔尖时，此选项最有效。

▽ 【湿边】选项：此选项可以沿画笔描边的边缘增大油彩量，从而创建水彩效果。

▽ 【建立】选项：此选项可以将渐变色应用于图像，同时模拟传统的喷枪技术。

▽ 【平滑】选项：此选项可以在画笔描边中生成更平滑的曲线。当使用光笔快速绘画时，此选项最有效。但是在描边渲染中可能会导致轻微的滞后。

▽ 【保护纹理】选项：此选项可以将相同图案和缩放比例应用于具有纹理的所有画笔预设。选择此选项后，在使用多个纹理画笔笔尖绘画时，可以模拟出一致的画布纹理。

5.2.2　定义画笔预设

Photoshop 允许用户将图片或图片中的部分内容定义为画笔笔尖，方便用户在使用【画笔】【橡皮擦】【加深】【减淡】工具时使用。

【例 5-3】　定义画笔预设。🎬视频

(1) 选择要定义成笔尖的图像，如图 5-34 所示。

(2) 选择【编辑】|【定义画笔预设】命令。在打开的【画笔名称】对话框的【名称】文本框中输入画笔名称，然后单击【确定】按钮完成画笔的定义，如图 5-35 所示。自定义的画笔只保留了图像的明度信息，而不会保存其颜色信息。因此，使用这类画笔样式进行描绘时，会以当前前景色的颜色为画笔颜色。

图 5-34　选择图像　　　　　　　　图 5-35　定义画笔预设

(3) 定义好笔尖后，在【画笔预设】选取器中可以看到新定义的画笔，如图 5-36 所示。选择自定义的笔尖后，就可以像使用系统预设笔尖一样进行绘制了。

图 5-36　查看画笔

5.2.3 使用外挂画笔资源

在 Photoshop 中除了可以使用自带的画笔库，还可以通过【导入画笔】命令载入各种下载的笔刷样式。

【例 5-4】 导入画笔样式。 视频

(1) 在【画笔】面板中，单击面板菜单按钮，在弹出的菜单中选择【导入画笔】命令，如图 5-37 所示。

(2) 在打开的【载入】对话框中，找到外挂画笔的位置，选中要载入的画笔库，然后单击【载入】按钮，如图 5-38 所示。

图 5-37 选择【导入画笔】命令

图 5-38 载入画笔库

(3) 在【画笔】面板的底部可以看到刚载入的画笔库，接着就可以选择载入的画笔进行绘制，如图 5-39 所示。

 提示

除了使用【导入画笔】命令载入画笔，还可以尝试直接将笔刷文件拖动至 Photoshop 界面中，或直接双击笔刷文件，将其载入。

图 5-39 选择载入的画笔

5.2.4 导出画笔库文件

为了便于在不同电脑设备上使用笔刷，可以将一些常用的笔刷进行保存。

【例 5-5】 将笔刷导出为画笔库文件。 视频

(1) 在【画笔】面板中，选中需要保存的笔刷，单击面板菜单按钮，在弹出的菜单中选择【导出选中的画笔】命令，如图 5-40 所示。

(2) 在打开的【另存为】对话框中，选择保存位置，设置文件名称，单击【保存】按钮，如图 5-41 所示。在存储的位置即可看到刚保存的笔刷。

图 5-40 选择【导出选中的画笔】命令   图 5-41 【另存为】对话框

5.3 修复工具组

修复图像是 Photoshop 最为强大的功能之一。使用修复功能，不仅可以轻松去除人物面部的斑点、环境中杂乱的物体，甚至可以拼合图像。更重要的是，Photoshop 的修复工具使用方法非常简单。

5.3.1 【污点修复画笔】工具

使用【污点修复画笔】工具可以快速去除画面中的污点、划痕等图像中不理想的部分。【污点修复画笔】工具的工作原理是从图像或图案中提取样本像素来涂改需要修复的地方，使需要修复的地方与样本像素在纹理、亮度和不透明度上保持一致，从而达到使用样本像素遮盖需要修复的地方的目的。使用【污点修复画笔】工具时不需要取样定义样本，只需确定需要修补图像的位置，然后在需要修补的位置单击并拖动鼠标，释放鼠标即可修复图像中的污点。

【例 5-6】 使用【污点修复画笔】工具修饰图像。 📹视频

(1) 打开一个图像文件，在【图层】面板中单击【创建新图层】按钮，新建【图层 1】图层，如图 5-42 所示。

(2) 选择【污点修复画笔】工具，在选项栏中设置合适的画笔样式，单击【类型】选项中的【内容识别】按钮，并选中【对所有图层取样】复选框，如图 5-43 所示。

(3) 使用【污点修复画笔】工具直接在图像中需要去除污点的地方进行涂抹，就能立即修掉图像中不理想的部分；若修复点较大，可在选项栏中调整画笔大小再进行涂抹，如图 5-44 所示。

【污点修复画笔】工具选项栏中的主要选项介绍如下。

▽ 【模式】：用来设置修复图像时使用的混合模式。除【正常】【正片叠底】等常用模式外，还有一个【替换】模式，这个模式可以保留画笔描边的边缘处的杂色、胶片颗粒和纹理。

<table>
<tr><td>图 5-42　打开图像并新建图层</td><td>图 5-43　设置【污点修复画笔】工具</td></tr>
</table>

图 5-44　使用【污点修复画笔】工具

▽ 【类型】：用来设置修复方法。单击【内容识别】按钮，会自动使用相似部分的像素对图像进行修复，同时进行完整匹配；单击【创建纹理】按钮，将使用选区中的所有像素创建一个用于修复该区域的纹理；单击【近似匹配】按钮，将使用选区边缘周围的像素来修复选定区域的图像。

5.3.2 【修复画笔】工具

【修复画笔】工具与【仿制图章】工具的使用方法基本相同，可以利用图像或图案中提取的样本像素来修复图像。该工具可以从被修饰区域的周围取样，并将样本的纹理、光照、不透明度和阴影等与所修复的像素进行匹配，从而去除照片中的污点和划痕。

👉【例 5-7】　使用【修复画笔】工具修饰图像。🎬 视频

(1) 打开一个图像文件，单击【图层】面板中的【创建新图层】按钮，创建新图层。

(2) 选择【修复画笔】工具，首先在选项栏中设置合适的画笔样式，然后在【模式】下拉列表中选择【替换】选项，在【源】选项中单击【取样】按钮，并选中【对齐】复选框，在【样本】下拉列表中选择【所有图层】，如图 5-45 所示。

图 5-45　设置【修复画笔】工具

(3) 按住 Alt 键在图像中单击设置取样点，然后释放 Alt 键，在图像中涂抹即可遮盖图像区域，如图 5-46 所示。

图 5-46　使用【修复画笔】工具修复图像

【修复画笔】工具选项栏中的主要选项介绍如下。

▽ 【源】：设置用于修复像素的源。单击【取样】按钮，使用【修复画笔】工具对图像进行修复时，以图像区域中某处颜色作为基点；单击【图案】按钮，可在其右侧的拾取器中选择已有的图案用于修复。

▽ 【对齐】：选中该复选框，可以连续对像素进行取样，即使释放鼠标也不会丢失当前的取样点；取消选中该复选框，则会在每次停止并重新开始绘制时，使用初始取样点中的样本像素。

▽ 【样本】：用来设置在指定的图层中进行数据取样。选择【当前和下方图层】，可从当前图层及下方的可见图层中取样；选择【当前图层】，表示仅从当前图层中取样；选择【所有图层】，可从所有的可见图层中取样。

5.3.3　【修补】工具

【修补】工具 使用图像中其他区域或图案中的像素来修复选中的区域。【修补】工具会将样本像素的纹理、光照和阴影与源像素进行匹配。使用该工具时，用户既可以直接使用已经制作好的选区，也可以利用该工具制作选区。使用【修补】工具可以保持被修复区域的明暗度与周围相邻像素相近，通常用于修补范围较大、不太细致的修复区域。

在工具面板中选择【修补】工具，显示该工具的选项栏。该工具选项栏的【修补】选项中包括【源】和【目标】两个选项。选择【源】选项时，将选区拖至要修补的区域，释放鼠标后，该区域的图像会修补原来的选区；选择【目标】选项，将选区拖至其他区域时，可以将原区域内的图像复制到该区域。

【例 5-8】　使用【修补】工具修复图像。 视频

(1) 打开一个图像文件，并按 Ctrl+J 快捷键复制【背景】图层，如图 5-47 所示。

(2) 选择【修补】工具，在选项栏中将【修补】设置为【正常】，单击【源】按钮，然后将光标放在画面中单击并拖动鼠标创建选区，如图 5-48 所示。

(3) 将光标移至选区内，向周围区域拖动，将周围区域图像复制到选区内遮盖原图像。修复完成后，按 Ctrl+D 快捷键取消选区，效果如图 5-49 所示。

图 5-47　打开图像并复制图层

图 5-48　创建选区

图 5-49　使用【修补】工具修补图像

> **提示**
>
> 　　用户使用选框工具、【魔棒】工具或套索工具等创建选区后，也可以用【修补】工具拖动选中的图像进行修补、复制。如果要进行复制，选择【修补】工具后，在选项栏中将【修补】设置为【正常】，单击【目标】按钮，然后将光标放在画面中要复制的区域单击并拖动鼠标创建选区。将光标移至选区内，向周围区域拖动，即可将选区内的图像复制到所需位置，如图 5-50 所示。

图 5-50　使用【修补】工具复制图像

　　(4) 在选项栏中设置【修补】为【内容识别】，可以合成附近的内容，将选区内的图像与周围的内容无缝混合，如图 5-51 所示。

图 5-51　设置【修补】为【内容识别】

▽ 【结构】：输入 1 和 7 之间的值，以指定修补在反映现有图像图案时应达到的近似程度。如果输入 7，则修补内容将严格遵循现有图像的图案。如果输入 1，则修补内容将不必严格遵循现有图像的图案。

▽ 【颜色】：输入 0 和 10 之间的值，以指定 Photoshop 在多大程度上对修补内容应用颜色混合。如果输入 0，则将禁用颜色混合。如果输入 10，则将应用最大颜色混合。

5.3.4　【内容感知移动】工具

使用【内容感知移动】工具可以让用户快速重组影像，而不需要通过复杂的图层操作或精确的选取动作。在选择该工具后，选择选项栏中的延伸模式可以栩栩如生地膨胀或收缩图像；选择移动模式可以将图像对象置入完全不同的位置（背景保持相似时最为有效）。

【例 5-9】　使用【内容感知移动】工具调整图像。 📹视频

(1) 打开一个图像文件，并按 Ctrl+J 快捷键复制【背景】图层，如图 5-52 所示。

(2) 选择【内容感知移动】工具后，在选项栏中可设置【模式】为【移动】或【延伸】。本例设置【模式】为【移动】、【结构】数值为 3、【颜色】数值为 5，选中【对所有图层取样】复选框和【投影时变换】复选框，然后使用该工具在图像中圈选需要移动的部分图像，如图 5-53 所示。

图 5-52　打开图像并复制图层　　　　图 5-53　使用【内容感知移动】工具（一）

(3) 将鼠标光标放置在选区内，按住鼠标左键并拖动选区内的图像。将选区内的图像移至所需位置，释放鼠标左键，显示定界框。将光标放置在定界框上，调整定界框大小。调整结束后，在选项栏中单击【提交变换】按钮或按 Enter 键应用移动，并按 Ctrl+D 快捷键取消选区，效果如图 5-54 所示。

图 5-54　使用【内容感知移动】工具(二)

5.3.5 　【仿制图章】工具

在 Photoshop 中，使用图章工具组中的工具可以通过提取图像中的像素样本来修复图像。【仿制图章】工具 ▲ 可以将取样的图像应用到其他图像或同一图像的其他位置，该工具常用于复制对象或去除图像中的瑕疵。

选择【仿制图章】工具后，在如图 5-55 所示的选项栏中设置相关参数。按住 Alt 键在图像中单击创建参考点，然后释放 Alt 键，在图像中拖动即可仿制图像。【仿制图章】工具可以使用任意的画笔笔尖，以更加准确地控制仿制区域的大小；还可以通过设置不透明度和流量来控制对仿制区域应用绘制的方式。

图 5-55　【仿制图章】工具选项栏

【例 5-10】　使用【仿制图章】工具修复图像画面。　📹 视频

(1) 选择【文件】|【打开】命令，打开图像文件，单击【图层】面板中的【创建新图层】按钮，创建新图层。

(2) 选择【仿制图章】工具，在选项栏中设置一种画笔样式，在【样本】下拉列表中选择【所有图层】选项，如图 5-56 所示。

图 5-56　设置【仿制图章】工具

> 💡 提示
>
> 选中【对齐】复选框，可以对图像画面连续取样，而不会丢失当前设置的参考点位置，即使释放鼠标后也是如此；取消选中该复选框，则会在每次停止并重新开始仿制时，使用最初设置的参考点位置。

(3) 按住 Alt 键在要修复部位附近单击设置取样点，然后在要修复部位进行涂抹，如图 5-57 所示。

图 5-57　使用【仿制图章】工具

提示

　　【仿制图章】工具并不限定在同一幅图像中进行操作，也可以把某幅图像的局部内容复制到另一幅图像之中，如图 5-58 所示。在进行不同图像之间的复制时，可以将两幅图像并排排列在 Photoshop 窗口中，以便对照源图像的复制位置及目标图像的复制结果。

图 5-58　在不同的图像之间使用【仿制图章】工具

5.4　橡皮擦工具组

　　Photoshop 提供了 3 种擦除工具：【橡皮擦】工具、【魔术橡皮擦】工具和【背景橡皮擦】工具。【橡皮擦】工具是最基础、最常用的擦除工具。

5.4.1　【橡皮擦】工具

　　使用【橡皮擦】工具直接在画面中按住鼠标左键并拖曳可以擦除对象。如果在【背景】图层或锁定了透明区域的图层中使用【橡皮擦】工具，被擦除的部分会显示为背景色，如图 5-59 所示。

图 5-59　使用【橡皮擦】工具（一）

在其他图层上使用【橡皮擦】工具时，被擦除的区域会成为透明区域，如图 5-60 所示。

图 5-60　使用【橡皮擦】工具（二）

选择【橡皮擦】工具后，显示如图 5-61 所示的选项栏，主要选项的作用如下。

图 5-61　【橡皮擦】工具选项栏

▽ 【画笔】选项：可以设置橡皮擦工具使用的画笔样式和大小。

▽ 【模式】选项：可以设置不同的擦除模式。其中，选择【画笔】和【铅笔】选项时，其使用方法与【画笔】和【铅笔】工具相似；选择【块】选项时，在图像窗口中进行擦除时画笔的大小固定不变。

▽ 【不透明度】数值框：可以设置擦除时的不透明度。将不透明度设置为 100% 时，被擦除的区域将变成透明色；设置为 1% 时，不透明度将无效，将不能擦除任何图像画面。

▽ 【流量】数值框：用来控制【橡皮擦】工具的涂抹速度。

▽ 【平滑】数值框：用于设置擦除时线条的流畅程度，数值越高，线条越平滑。

▽ 【抹到历史记录】复选框：选中该复选框后，可以将指定的图像区域恢复至快照或某一操作步骤下的状态。

5.4.2　【背景橡皮擦】工具

【背景橡皮擦】工具 是一种智能橡皮擦，它具有自动识别对象边缘的功能，可采集画笔中心的色样，并删除在画笔内出现的颜色，使擦除区域成为透明区域，如图 5-62 所示。

图 5-62　使用【背景橡皮擦】工具

选择【背景橡皮擦】工具后，显示如图 5-63 所示的选项栏，主要选项的作用如下。

图 5-63　【背景橡皮擦】工具选项栏

▽ 【画笔】选项：单击其右侧的 · 图标，弹出下拉面板。其中，【大小】选项用于设
　置擦除时画笔的大小；【硬度】选项用于设置擦除时边缘硬化的程度。

▽ 【取样】按钮：用于设置颜色取样的模式。 按钮表示只对单击时光标下的图像
　颜色取样； 按钮表示擦除图层中彼此相连但颜色不同的部分； 按钮表示将背景
　色作为取样颜色。

▽ 【限制】选项：单击右侧的下拉按钮，在弹出的下拉列表中可以选择使用【背景
　橡皮擦】工具擦除的颜色范围。其中，【连续】选项表示可擦除图像中具有取样
　颜色的像素，但要求该部分与光标相连；【不连续】选项表示可擦除图像中具有
　取样颜色的像素；【查找边缘】选项表示在擦除与光标相连的区域的同时，保留
　图像中物体锐利的边缘。

▽ 【容差】数值框：用于设置被擦除的图像颜色与取样颜色之间差异的大小。

▽ 【保护前景色】复选框：选中该复选框，可以防止具有前景色的图像区域被擦除。

5.4.3　【魔术橡皮擦】工具

【魔术橡皮擦】工具 具有自动分析图像边缘的功能，用于擦除图像中具有相似颜
色范围的区域，并以透明色代替被擦除区域，如图 5-64 所示。

图 5-64　使用【魔术橡皮擦】工具

选择【魔术橡皮擦】工具，显示如图 5-65 所示的选项栏。它与【魔棒】工具的选项栏相似，
各选项作用如下。

图 5-65　【魔术橡皮擦】工具选项栏

▽ 【容差】数值框：可以设置被擦除图像颜色的范围。输入的数值越大，可擦除的颜色范围越大；输入的数值越小，被擦除的图像颜色与光标单击处的颜色越接近。

▽ 【消除锯齿】复选框：选中该复选框，可使被擦除区域的边缘变得柔和平滑。

▽ 【连续】复选框：选中该复选框，可以使擦除工具仅擦除与单击处相连接的区域。

▽ 【对所有图层取样】复选框：选中该复选框，可以使擦除工具的应用范围扩展到图像中所有的可见图层。

▽ 【不透明度】数值框：可以设置擦除图像颜色的程度。设置为 100% 时，被擦除的区域将变成透明色；设置为 1% 时，不透明度将无效，将不能擦除任何图像画面。

5.5　修饰工具组

使用 Photoshop 可以对图像进行修饰、润色等操作。其中，对图像的细节修饰包括模糊图像、锐化图像、涂抹图像、减淡图像及加深图像等。

5.5.1　【模糊】工具

【模糊】工具的作用是减少图像画面中相邻像素之间的反差，使边缘的区域变柔和，从而产生模糊效果，如图 5-66 所示。打开一个图像文件，选择【模糊】工具，在选项栏中设置该工具的【模式】和【强度】，然后使用【模糊】工具反复涂抹图像上的同一区域，会使该区域变得更加模糊不清。

图 5-66　使用【模糊】工具

单击【模糊】工具，显示如图 5-67 所示的选项栏。【模糊】工具的选项栏中主要选项的作用如下。

图 5-67　【模糊】工具选项栏

▽ 【模式】选项：用于设置画笔的模糊模式，包括【正常】【变暗】【变亮】【色相】【饱和度】【颜色】和【明度】。如果仅需要使画面局部模糊，那么选择【正常】即可。

▽ 【强度】数值框：用于设置图像处理的模糊程度，参数数值越大，模糊效果越明显。

▽ 【对所有图层取样】复选框：选中该复选框，模糊处理可以对所有图层中的图像进行操作；取消选中该复选框，模糊处理只能对当前图层中的图像进行操作。

5.5.2　【锐化】工具

【锐化】工具可以通过增强图像中相邻像素之间的颜色对比来提高图像的清晰度，如图 5-68 所示。【锐化】工具与【模糊】工具的大部分选项相同，操作方法也相同。

选择【锐化】工具，在选项栏中设置【模式】与【强度】，并选中【保护细节】复选框后，再进行锐化处理时，将对图像的细节进行保护。涂抹的次数越多，锐化效果越强烈。如果反复涂抹同一区域，会产生噪点和晕影。【模糊】工具和【锐化】工具适合处理小范围内的图像细节。如要对整幅图像进行处理，可以使用【模糊】和【锐化】滤镜。

图 5-68　使用【锐化】工具

5.5.3　【涂抹】工具

【涂抹】工具用于模拟用手指涂抹油墨的效果，【涂抹】工具在颜色的交界处作用，会有一种相邻颜色互相挤入而产生的模糊感。【涂抹】工具不能在【位图】和【索引颜色】模式的图像中使用。【涂抹】工具适合扭曲小范围内的图像，图像太大不容易控制，并且处理速度较慢。如果要处理大面积的图像，可以使用【液化】滤镜。

选择【涂抹】工具，其选项栏与【模糊】工具选项栏相似，设置合适的【模式】和【强度】，通过【强度】来控制手指作用在画面上的力度。默认的【强度】为50%，【强度】数值越大，手指拖出的线条就越长，反之则越短。如果将【强度】设置为100%，则可以拖出无限长的线条来，直至释放鼠标。接着在需要变形的位置按住鼠标左键并拖动进行涂抹，光标经过的位置，图像会发生变形，如图 5-69 所示。若在选项栏中选中【手指绘图】复选框，可以使用前景色进行涂抹。

图 5-69　使用【涂抹】工具

5.5.4 【减淡】工具

【减淡】工具通过提高图像的曝光度来提高图像的亮度，使用时在图像需要亮化的区域反复拖动即可亮化图像。

选择【减淡】工具，在选项栏的【范围】下拉列表中，选择【阴影】选项表示仅对图像的暗色调区域进行亮化；选择【中间调】选项表示仅对图像的中间色调区域进行亮化；选择【高光】选项表示仅对图像的亮色调区域进行亮化。【曝光度】选项用于设定曝光强度。用户可以直接在数值框中输入数值，或单击右侧的按钮，在弹出的滑动条上拖动滑块来调整曝光强度。如果选中【保护色调】复选框，可以保护图像的色调不受影响。设置完成后，调整合适的笔尖，在画面中按住鼠标左键进行涂抹，光标经过的位置亮度会有所提高，如图 5-70 所示。在某个区域涂抹的次数越多，该区域就会变得越亮。

图 5-70　使用【减淡】工具

5.5.5 【加深】工具

与【减淡】工具相反，【加深】工具用于降低图像的曝光度，通常用来加深图像的阴影或对图像中有高光的部分进行暗化处理。【加深】工具的选项栏与【减淡】工具的选项栏的内容基本相同，但使用它们产生的图像效果刚好相反。

打开一个图像文件，选择【加深】工具，在选项栏中设置柔边圆画笔样式，单击【范围】下拉按钮，从弹出的下拉列表中选择【中间调】选项，设置【曝光度】数值，然后使用【加深】工具在图像中进行拖动以加深颜色，如图 5-71 所示。

图 5-71　使用【加深】工具

5.5.6 【海绵】工具

使用【海绵】工具可以精确地修改颜色的饱和度。如果图像是灰度模式，该工具可以通过使灰阶远离或靠近中间灰色来增加或降低对比度。

【海绵】工具选项栏的【模式】下拉列表中包含【去色】和【加色】两个选项。选择【去色】选项，可以降低图像颜色的饱和度；选择【加色】选项，可以增加图像颜色的饱和度，如图 5-72 所示。

图 5-72 使用【海绵】工具

【流量】数值框用于设置修改强度，该值越大，修改效果越明显。若选中【自然饱和度】复选框，可以在进行增加饱和度操作时，避免颜色过于饱和而出现溢色。如果要将颜色变为黑白，那么需要取消选中该复选框。

5.6 实例演练

本章的实例演练为制作开学迎新海报，用户通过练习从而巩固本章所学知识。

【例 5-11】 制作开学迎新海报。 视频

(1) 选择【文件】|【打开】命令，打开一幅图像文件，并在【图层】面板中单击【创建新图层】按钮，新建【图层 1】，如图 5-73 所示。

(2) 选择【画笔】工具，将前景色设置为白色，在选项栏中设置画笔样式为硬边圆，然后使用【画笔】工具在图像中添加云朵图形，如图 5-74 所示。

图 5-73 打开图像并复制图层

图 5-74 使用【画笔】工具

(3) 在【图层】面板中双击【图层 1】，打开【图层样式】对话框。在对话框中选中【投影】选项，设置【混合模式】为【正片叠底】，【不透明度】数值为 25%，【角度】数值为 -90

度，【距离】数值为 50 像素，【大小】数值为 10 像素，然后单击【确定】按钮，如图 5-75 所示。

图 5-75　添加【投影】样式

(4) 选择【文件】|【置入嵌入对象】命令，打开【置入嵌入的对象】对话框。在对话框中选中所需的图像文件，单击【置入】按钮置入图像，如图 5-76 所示。

图 5-76　置入图像

(5) 选择【横排文字】工具，在选项栏中设置字体系列为【方正大黑简体】，字体大小为 370 点，单击【居中对齐文本】按钮，在画板中输入文字内容，如图 5-77 所示。

(6) 右击刚创建的文字图层，在弹出的快捷菜单中选择【转换为形状】命令，将文字转换为形状，然后使用【路径选择】工具结合【自由变换】命令调整文字形状，如图 5-78 所示。

图 5-77　输入文字　　　　　　　　　　　图 5-78　变换文字形状

(7) 在【图层】面板中单击【创建新图层】按钮，新建【图层 2】。关闭文字形状图层视图，并按 Ctrl 键单击文字形状图层缩览图，载入选区。选择【编辑】|【描边】命令，打开【描

边】对话框，设置【宽度】数值为 30 像素，然后单击【确定】按钮，如图 5-79 所示。

图 5-79　描边文字

(8) 在【图层】面板中单击【创建新图层】按钮，新建【图层3】。选择【画笔】工具，在【画笔设置】面板中，选中【Kyle 雨滴散布】画笔样式，设置【大小】数值为 500 像素，【角度】数值为 40°，【圆度】数值为 70%，【间距】数值为 10%。然后使用【画笔】工具在文字选区中涂抹，如图 5-80 所示。

图 5-80　使用【画笔】工具

(9) 按 Ctrl+D 快捷键取消选区，在【图层】面板中选中【图层2】和【图层3】，并按 Ctrl+E 快捷键合并图层，如图 5-81 所示。

(10) 在【图层】面板中单击【创建新图层】按钮，新建【图层4】。右击该图层，在弹出的快捷菜单中选择【创建剪贴蒙版】命令创建剪贴蒙版，如图 5-82 所示。

图 5-81　合并图层　　　　　　　　　　图 5-82　创建剪贴蒙版

(11) 在【颜色】面板中，设置前景色为 C:0 M:45 Y:19 K:0。选择【画笔】工具，在选项栏中选择硬边圆画笔样式，然后在图像中涂抹给文字添加颜色，如图 5-83 所示。

(12) 使用步骤(11)的操作方法，为其他文字分别添加 C:42 M:4 Y:16 K:0、C:21 M: 5 Y:52 K:0、C:49 M:5 Y:65 K:0、C:12 M:50 Y:64 K:0 颜色，如图 5-84 所示。

图 5-83　添加颜色(一)　　　　　　　　　　图 5-84　添加颜色(二)

(13) 使用【横排文字】工具在画板中单击，在选项栏中设置字体系列为【方正呐喊体】，字体大小为 100 点，单击【居中对齐文本】按钮，字体颜色为白色，然后在画板中输入文字内容，如图 5-85 所示。

(14) 选择【文件】|【置入嵌入对象】命令，再次置入插图，并在【图层】面板中设置混合模式为【划分】，完成效果如图 5-86 所示。

图 5-85　输入文字　　　　　　　　　　　　图 5-86　置入图像

5.7　习题

1. 在 Photoshop 中创建自定义画笔预设，制作如图 5-87 所示的图像效果。

2. 打开图像文件，使用【仿制图章】工具更换图像中的背景，效果如图 5-88 所示。

图 5-87　图像效果(一)　　　　　　　　　　图 5-88　图像效果(二)

第6章
通道和蒙版的应用

通道与蒙版在 Photoshop 的图像编辑应用中非常有用。用户可以通过不同的颜色通道，以及图层蒙版、矢量蒙版和剪贴蒙版，创建丰富的画面效果。本章主要介绍通道、蒙版的创建与编辑等内容。

➡ 本章重点

- Alpha 通道
- 通道运算
- 图层蒙版
- 剪贴蒙版

➡ 二维码教学视频

【例 6-1】 分离、合并通道
【例 6-2】 新建、编辑专色通道
【例 6-3】 使用【应用图像】命令
【例 6-4】 使用【计算】命令
【例 6-5】 创建图层蒙版
【例 6-6】 创建矢量蒙版
【例 6-7】 创建剪贴蒙版
【例 6-8】 制作照片模板
【例 6-9】 制作啤酒节广告

6.1　通道的基本概念

通道是图像文件的一种颜色数据信息存储形式，它与图像文件的颜色模式密切关联，多个分色通道叠加在一起可以组成一幅具有颜色层次的图像。在 Photoshop 中，通道分为颜色通道、Alpha 通道和专色通道 3 类。每一类通道都有其不同的功能与操作方法。

▽ 颜色通道：它是用于保存图像颜色信息的通道，在打开图像时自动创建。

▽ Alpha 通道：用于存放选区信息，其中包括选区的位置、大小和羽化值等。

▽ 专色通道：可以指定用于专色油墨印刷的附加印版。专色是特殊的预混油墨，用于替代或补充印刷色 (CMYK) 油墨，如金色、银色和荧光色等特殊颜色。印刷时每种专色都要求专用的印版，而专色通道可以把 CMYK 油墨无法呈现的专色指定到专色印版上。

【通道】面板用来创建、保存和管理通道。选择【窗口】|【通道】命令，即可打开如图 6-1 所示的【通道】面板。当打开一幅新的图像时，Photoshop 会在【通道】面板中自动创建该图像的颜色信息通道。通道名称的左侧显示了通道内容的缩览图，在编辑通道时缩览图会自动更新。

图 6-1　【通道】面板

> 🖰 **提示**
>
> 通道有 3 个用途：保存图像信息、记录图像色彩、保存选区。在图像方面，通道与滤镜配合可以制作特效；在色彩方面，颜色通道与【曲线】【色阶】【通道混合器】等命令配合可用于调色；在选区方面，通道与绘画工具、选区编辑工具、混合模式、【应用图像】命令和【计算】命令等配合可用于抠图。

【通道】面板底部几个按钮的作用如下。

▽ 【将通道作为选区载入】按钮 ⊙：单击该按钮，可以将通道中的图像内容转换为选区。

▽ 【将选区存储为通道】按钮 ▢：单击该按钮，可以将当前图像中的选区以图像方式存储在自动创建的 Alpha 通道中。

▽ 【创建新通道】按钮 ▢：单击该按钮，可以在【通道】面板中创建一个新通道。

▽ 【删除当前通道】按钮 🗑：单击该按钮，可以删除当前所选择的通道，但不会删除图像的原色通道。

6.1.1　选择通道

在【通道】面板中，单击一个颜色通道即可选择该通道，图像窗口中会显示该通道的灰度图像。每个通道后面有对应的快捷键，如按 Ctrl+3 快捷键，即可选中【红】通道，如图 6-2 所示。按住 Shift 键，单击其他通道，可以选择多个通道，此时窗口中将显示所选颜色通道的复合信息。选中复合通道时，可以重新显示其他颜色通道。在复合通道下，用户可以同时预览和编辑所有的颜色通道。

图 6-2　选择通道

6.1.2　分离与合并通道

在 Photoshop 中，用户可以将一个图像文件的各个通道分离成单个灰度文件并分别存储，也可以将多个灰度文件合并为一个多通道的彩色图像。选择【通道】面板菜单中的【分离通道】命令，可以把一个图像文件的通道拆分为单独的图像文件，并且原文件被关闭。例如，用户可以将一个 RGB 颜色模式的图像文件分离为 3 个灰度图像文件，并且根据通道名称分别命名图像文件，如图 6-3 所示。

图 6-3　分离通道

选择【通道】面板菜单中的【合并通道】命令，即可合并分离出的灰度图像文件成为一个图像文件。选择该命令，可以打开如图 6-4 所示的【合并通道】对话框。在【合并通道】对话框中，用户可以定义合并采用的颜色模式及通道数量。

默认情况下，颜色模式选择【多通道】模式即可。设置完成后，单击【确定】按钮，打开一个随颜色模式而定的设置对话框。例如，选择 RGB 模式时，会打开如图 6-5 所示的【合并 RGB 通道】对话框。用户可在该对话框中进一步设置需要合并的各个通道的图像文件。设置完成后，单击【确定】按钮，设置的多个图像文件将合并为一个图像文件，并且按照设置转换各个图像文件分别为新图像文件中的分色通道。

图 6-4　【合并通道】对话框

图 6-5　【合并 RGB 通道】对话框

【例 6-1】 使用分离、合并通道命令调整图像效果。 🎬视频

(1) 选择【文件】|【打开】命令，打开一幅素材图像，如图 6-6 所示。

(2) 在【通道】面板菜单中选择【分离通道】命令，将打开的图像文件分离成多个灰度文件，如图 6-7 所示。

图 6-6　打开图像

图 6-7　分离通道

(3) 在【通道】面板菜单中选择【合并通道】命令，打开【合并通道】对话框。在该对话框的【模式】下拉列表中选择【RGB 颜色】选项，然后单击【确定】按钮，如图 6-8 所示。

(4) 在打开的【合并 RGB 通道】对话框的【红色】下拉列表中选择【图像 1.jpg_蓝】选项，在【蓝色】下拉列表中选择【图像 1.jpg_红】选项，然后单击【确定】按钮，即可完成合并，如图 6-9 所示。

图 6-8　合并通道

图 6-9　合并 RGB 通道

6.1.3　专色通道

彩色印刷品的印刷是通过将 C(青色)、M(洋红)、Y(黄色)、K(黑色)4 种颜色的油墨进行混合形成各种颜色。专色通道则是用来存储印刷用的特殊的预混油墨，如金银油墨、荧光油墨等普通印刷色 (CMYK) 油墨无法表现的色彩。通常情况下，专色通道以专色的名称来命名。

【例 6-2】 在打开的图像文件中，新建、编辑专色通道。 🎬视频

(1) 选择【文件】|【打开】命令，打开素材图像。选择【魔棒】工具，在选项栏中设置【容差】数值为 40，然后使用该工具在图像黑色区域单击创建选区，再选择【选择】|【选取相似】命令，结果如图 6-10 所示。

(2) 在【通道】面板菜单中选择【新建专色通道】命令，打开【新建专色通道】对话框。在【新建专色通道】对话框中，设置【密度】数值为 100%，如图 6-11 所示。

图 6-10　创建选区

图 6-11　【新建专色通道】对话框

(3) 在【新建专色通道】对话框中单击【颜色】色块，在弹出的【拾色器 (专色)】对话框中单击【颜色库】按钮。在显示的【颜色库】对话框的【色库】下拉列表中选择【HKS Z 印刷色】选项，在其下方列表中选择所需的颜色，然后单击【确定】按钮关闭【颜色库】对话框，如图 6-12 所示。

图 6-12　选取颜色

(4) 单击【确定】按钮，关闭【新建专色通道】对话框。此时，新建的专色通道出现在【通道】面板底部，如图 6-13 所示。

图 6-13　新建专色通道

6.2 Alpha 通道

Alpha 通道可以将选区以灰度图像的形式进行表现，可以像编辑任何其他图像一样使用绘画工具、编辑工具和滤镜命令对通道效果进行编辑处理。

6.2.1 创建新的 Alpha 通道

一般情况下，在 Photoshop 中创建的新通道是保存选择区域信息的 Alpha 通道。单击【通道】面板中的【创建新通道】按钮，即可将选区存储为 Alpha 通道，如图 6-14 所示。

将选择区域保存为 Alpha 通道时，选择区域被保存为白色，而非选择区域则保存为黑色。如果选择区域具有不为 0 的羽化值，则在此类选择区域中被保存为由灰色柔和过渡的通道。

要创建 Alpha 通道并设置选项时，按住 Alt 键并单击【创建新通道】按钮，或选择【通道】面板菜单中的【新建通道】命令，即可打开如图 6-15 所示的【新建通道】对话框。在该对话框中，可以设置所需创建的通道参数选项，然后单击【确定】按钮创建新通道。

图 6-14 存储为 Alpha 通道　　　　　　图 6-15 【新建通道】对话框

提示

在【新建通道】对话框中，选中【被蒙版区域】单选按钮可以使新建的通道中被蒙版区域显示为黑色，选择区域显示为白色；选中【所选区域】单选按钮可以使新建的通道中被蒙版区域显示为白色，选择区域显示为黑色。

6.2.2 复制通道

在进行图像处理时，用户有时需要对某一通道进行多个处理，从而获得特殊的视觉效果，或者需要复制图像文件中的某个通道并应用到其他图像文件中。这就需要通过通道的复制操作完成。在 Photoshop 中，用户不仅可以对同一图像文件中的通道进行多次复制，还可以在不同的图像文件之间复制任意的通道。

选择【通道】面板中所需复制的通道，然后在面板菜单中选择【复制通道】命令，或在需要复制的通道上右击，从弹出的快捷菜单中选择【复制通道】命令，可以打开如图 6-16 所示的【复制通道】对话框。用户还可以将要复制的通道直接拖动到【通道】面板底部的【创建新通道】按钮上释放，在图像文件内快速复制通道，如图 6-17 所示。

图 6-16　【复制通道】对话框　　　　　图 6-17　复制通道

要想复制当前图像文件的通道到其他图像文件中，直接拖动需要复制的通道至其他图像文件窗口中释放即可。需要注意的是，在图像之间复制通道时，通道必须具有相同的像素尺寸，并且通道不能被复制到位图模式的图像中。

6.2.3　删除通道

在存储图像前删除不需要的 Alpha 通道，不仅可以减小图像文件占用的磁盘空间，而且可以提高图像文件的处理速度。选择【通道】面板中需要删除的通道，然后在面板菜单中选择【删除通道】命令；或将其拖动至面板底部的【删除当前通道】按钮上释放；或单击【删除当前通道】按钮，在弹出的如图 6-18 所示的提示对话框中单击【是】按钮即可删除通道。

> **提示**
>
> 　　复合通道不能复制，也不能删除。颜色通道可以复制和删除。但如果删除了一个颜色通道，图像会自动转换为多通道模式。

图 6-18　提示对话框

6.3　通道运算

在 Photoshop 中，通道的功能非常强大。通道不仅可以用来存储选区，还可以用于混合图像、调整图像颜色等操作。

6.3.1　应用图像

【应用图像】命令用来混合大小相同的两个图像。它可以将一个图像的图层和通道(源)与当前选中的图像(目标)的图层和通道混合。如果两个图像的颜色模式不同，则可以对目标图层的复合通道应用单一通道。选择【图像】|【应用图像】命令，打开如图 6-19 所示的【应用图像】对话框。

图 6-19　【应用图像】对话框

🖱 **提示**

　　选中【保留透明区域】复选框，表示只对非透明区域进行合并。若在当前活动图像中选择了【背景】图层，则该选项不能使用。

▽ 【源】选项：在该下拉列表中列出了当前所有打开图像的名称。默认设置为当前的活动图像，从中可以选择一个源图像与当前的活动图像相混合。

▽ 【图层】选项：在该下拉列表中指定用源文件中的哪一个图层来进行运算。如果没有图层，则只能选择【背景】图层；如果源文件有多个图层，则该下拉列表中除包含有源文件的各图层外，还有一个合并的选项，表示选择源文件的所有图层。

▽ 【通道】选项：在该下拉列表中，可以指定使用源文件中的哪个通道进行运算。

▽ 【反相】复选框：选中该复选框，则将【通道】列表框中的蒙版内容进行反相。

▽ 【混合】选项：在该下拉列表中选择合成模式进行运算。在该下拉列表中增加了【相加】和【减去】两种合成模式，其作用是增加和减少不同通道中像素的亮度值。当选择【相加】或【减去】合成模式时，在对话框的下方会出现【缩放】和【补偿值】两个参数，设置不同的数值可以改变像素的亮度值。

▽ 【不透明度】选项：可以设置运算结果对源文件的影响程度。它与【图层】面板中的不透明度作用相同。

▽ 【蒙版】复选框：若要为目标图像设置可选取范围，可以选中【蒙版】复选框，将图像的蒙版应用到目标图像。通道、图层透明区域，以及快速遮罩都可以作为蒙版使用。

☞【例6-3】　使用【应用图像】命令调整图像效果。🎬 视频

(1) 选择【文件】|【打开】命令，打开两幅素材图像，如图 6-20 所示。

图 6-20　打开图像

(2) 选中 girl.jpg 图像文件，选择【图像】|【应用图像】命令，打开【应用图像】对话框。在该对话框的【源】下拉列表中选择"VB.jpg"，在【通道】下拉列表中选择【红】选项，在【混合】下拉列表中选择【滤色】选项，设置【不透明度】数值为 80%，如图 6-21 所示。

(3) 在【应用图像】对话框中选中【蒙版】复选框，在【源】下拉列表中选择"VB.jpg"，在【通道】下拉列表中选择【红】选项。设置完成后，单击【确定】按钮关闭【应用图像】对话框，应用图像调整，如图 6-22 所示。

图 6-21　【应用图像】对话框

图 6-22　使用【应用图像】命令

6.3.2　计算

【计算】命令用于混合两个来自一个或多个源图像的单个通道，然后将结果应用到新建文档、新建通道，或当前图像的选区中。如果使用多个源图像，则这些图像的像素尺寸必须相同。选择【图像】|【计算】命令，可以打开如图 6-23 所示的【计算】对话框。

图 6-23　【计算】对话框

> **提示**
>
> 在【结果】下拉列表中可指定一种混合结果。用户可以决定合成的结果是保存在一个灰度的新文档中，还是保存在当前活动图像的新通道中，或者将合成的效果直接转换成选取范围。

▽ 【源 1】和【源 2】选项：用于选择当前打开的源文件的名称。

▽ 【图层】选项：在该下拉列表中选择相应的图层。在合成图像时，源 1 和源 2 的顺序安排会对最终合成的图像效果产生影响。

▽ 【通道】选项：在该下拉列表中列出了源文件相应的通道。

▽ 【混合】选项：在该下拉列表中可选择合成模式进行运算。

▽ 【蒙版】复选框：若要为目标图像设置可选取范围，可以选中【蒙版】复选框，将图像的蒙版应用到目标图像中。通道、图层透明区域，以及快速遮罩都可以作为蒙版使用。

▽ 【反相】复选框：选中该复选框，可反转通道的蒙版区域和未蒙版区域。

【例6-4】 使用【计算】命令调整图像。 📹视频

(1) 选择【文件】|【打开】命令，打开素材图像。按Ctrl+J快捷键复制【背景】图层，如图6-24所示。

(2) 选择【图像】|【计算】命令，打开【计算】对话框。在该对话框中，在【源1】的【通道】下拉列表中选择【蓝】选项，在【源2】的【通道】下拉列表中选择【绿】选项，设置【混合】为【强光】，然后单击【确定】按钮生成Alpha1通道，如图6-25所示。

图6-24　打开图像并复制图层

图6-25　使用【计算】命令

(3) 在【通道】面板中，按Ctrl+A快捷键全选Alpha1通道，再按Ctrl+C快捷键复制通道。然后选中【绿】通道，并按Ctrl+V快捷键将Alpha通道中的图像粘贴到绿通道中，如图6-26所示。

图6-26　复制、粘贴通道

(4) 在【通道】面板中，单击RGB复合通道，并按Ctrl+D快捷键取消选区。选中【图层】面板，设置【图层1】图层的混合模式为【深色】，效果如图6-27所示。

图6-27　设置图层的混合模式

6.4　图层蒙版

图层蒙版是图像处理中最为常用的蒙版，主要用来显示或隐藏图层的部分内容，在编辑的同时保护原图像不因编辑而受到破坏。图层蒙版中的白色区域可以遮盖下面图层中的内容，只显示当前图层中的图像；黑色区域可以遮盖当前图层中的图像，显示出下面图层中的内容；蒙版中的灰色区域会根据其灰度值使当前图层中的图像呈现出不同层次的透明效果，如图 6-28 所示。

(a) 原图

(b) 图层蒙版

(c) 效果

图 6-28　图层蒙版

6.4.1　创建图层蒙版

创建图层蒙版时，用户需要确定是要隐藏还是显示所有图层，也可以在创建蒙版之前建立选区，通过选区使创建的图层蒙版自动隐藏部分图层内容。

在【图层】面板中选择需要添加蒙版的图层后，单击面板底部的【添加图层蒙版】按钮 ◻，或选择【图层】|【图层蒙版】|【显示全部】或【隐藏全部】命令即可创建图层蒙版，如图 6-29 所示。该图层的缩览图右侧会出现一个图层蒙版缩览图的图标。每个图层只能有一个图层蒙版，如果已有图层蒙版，再次单击该按钮创建出的是矢量蒙版。图层组、文字图层、3D 图层、智能对象等特殊图层都可以创建图层蒙版。

单击图层蒙版缩览图，接着可以使用画笔工具在蒙版中进行涂抹。在蒙版中只能使用灰度进行绘制。蒙版中被绘制了黑色的部分，图像相应的部分会隐藏，如图 6-30 所示。蒙版中被绘制了白色的部分，图像相应的部分会显示。图层蒙版中被绘制了灰色的部分，图像相应的部分会以半透明的方式显示。使用【渐变】工具或【油漆桶】工具也可以对图层蒙版进行填充。

图 6-29　创建图层蒙版

图 6-30　调整图层蒙版

如果图像中包含选区，选择【图层】|【图层蒙版】|【显示选区】命令，可基于选区创建图层蒙版，如图 6-31 所示；如果选择【图层】|【图层蒙版】|【隐藏选区】命令，则选区内的图像将被蒙版遮盖。用户也可以在创建选区后，直接单击【添加图层蒙版】按钮，从选区生成蒙版。

图 6-31　根据选区创建图层蒙版

【例 6-5】　创建图层蒙版，制作图像效果。 🎬 视频

(1) 选择【文件】|【打开】命令，打开一幅素材图像，如图 6-32 所示。

(2) 选择【文件】|【置入嵌入对象】命令，打开【置入嵌入的对象】对话框。在该对话框中选中所需的图像文件，然后单击【置入】按钮，如图 6-33 所示。

图 6-32　打开图像

图 6-33　置入图像

(3) 选择【多边形套索】工具，并在选项栏中单击【从选区减去】按钮，设置【羽化】为 1 像素，然后在图像中沿对象边缘创建选区，如图 6-34 所示。

(4) 在【图层】面板中，单击【添加图层蒙版】按钮创建图层蒙版，如图 6-35 所示。

图 6-34　创建选区

图 6-35　添加图层蒙版

(5) 在【图层】面板中双击对象图层，打开【图层样式】对话框。在该对话框中选中【投影】样式，设置【不透明度】数值为 75%、【距离】为 50 像素、【扩展】为 30%，【大小】为 85 像素，然后单击【确定】按钮，如图 6-36 所示。

图 6-36　添加【投影】样式

6.4.2　停用、启用图层蒙版

如果要停用图层蒙版，选择【图层】|【图层蒙版】|【停用】命令，或按 Shift 键单击图层蒙版缩览图，或在图层蒙版缩览图上右击，然后在弹出的快捷菜单中选择【停用图层蒙版】命令。停用蒙版后，在【属性】面板的缩览图和【图层】面板的蒙版缩览图中都会出现一个红色叉号，如图 6-37 所示。

> **提示**
>
> 按住 Alt 键的同时，单击图层蒙版缩览图，可以只显示图层蒙版，如图 6-38 所示。

图 6-37　停用图层蒙版　　　　　图 6-38　显示图层蒙版

在停用图层蒙版后，要重新启用图层蒙版，可选择【图层】|【图层蒙版】|【启用】命令，或直接单击图层蒙版缩览图，或在图层蒙版缩览图上右击，在弹出的快捷菜单中选择【启用图层蒙版】命令。此外，用户也可以在选择图层蒙版后，通过单击【属性】面板底部的【停用 / 启用蒙版】按钮停用或启用图层蒙版。

6.4.3　链接、取消链接图层蒙版

创建图层蒙版后，图层蒙版缩览图和图像缩览图中间有一个链接图标，它表示蒙版与图像处于链接状态。此时进行变换操作，蒙版会与图像一同变换。

选择【图层】|【图层蒙版】|【取消链接】命令，或者单击⊗图标，可以取消链接，如图6-39所示。取消链接后既可以单独变换图像，也可以单独变换蒙版。

图 6-39　取消链接

提示

若要重新链接蒙版，可以选择【图层】|【图层蒙版】|【链接】命令，或再次单击链接图标的位置。

6.4.4　复制、移动图层蒙版

按住 Alt 键将一个图层的图层蒙版拖至目标图层上，可以将蒙版复制到目标图层，如图6-40所示。

如果直接将蒙版拖至目标图层上，则可以将该蒙版移到目标图层，原图层将不再有蒙版，如图6-41所示。

图 6-40　复制图层蒙版　　　　　　　　　　图 6-41　移动图层蒙版

6.4.5　应用及删除图层蒙版

应用图层蒙版是指将图像中对应蒙版中的黑色区域删除，白色区域保留下来，而灰色区域将呈透明效果，并且删除图层蒙版。在图层蒙版缩览图上右击，在弹出的快捷菜单中选择【应用图层蒙版】命令，可以将蒙版应用在当前图层中，如图6-42所示。

如果要删除图层蒙版，可以采用以下 4 种方法来完成。

▽ 选择蒙版，然后直接在【属性】面板中单击【删除蒙版】按钮。

▽ 选中图层，选择【图层】|【图层蒙版】|【删除】命令。

▽ 在图层蒙版缩览图上右击，在弹出的快捷菜单中选择【删除图层蒙版】命令。

▽ 将图层蒙版缩览图拖到【图层】面板下面的【删除图层】按钮上，或直接单击【删除图层】按钮，然后在弹出的如图6-43所示的提示对话框中单击【删除】按钮。

提示

智能对象不可使用【应用图层蒙版】命令，要使用该命令，需先栅格化图层。

图 6-42　应用图层蒙版

　　图 6-43　提示对话框

6.5　矢量蒙版

　　矢量蒙版是通过【钢笔】工具或形状工具创建的与分辨率无关的蒙版。它通过路径和矢量形状来控制图像的显示区域，可以任意缩放，还可以应用图层样式为蒙版内容添加图层效果，用于创建各种风格的按钮、面板或其他的 Web 设计元素。

6.5.1　创建矢量蒙版

　　要创建矢量蒙版，可以在图像中绘制路径后，单击选项栏中的【蒙版】按钮，即可将绘制的路径转换为矢量蒙版。用户也可以选择【图层】|【矢量蒙版】|【当前路径】命令，将当前路径创建为矢量蒙版。

【例 6-6】　创建矢量蒙版，制作图像效果。📹 视频

　　(1) 选择【文件】|【打开】命令，打开一幅素材图像，如图 6-44 所示。
　　(2) 选择【文件】|【置入嵌入对象】命令，打开【置入嵌入的对象】对话框。在该对话框中选中所需的图像文件，然后单击【置入】按钮，如图 6-45 所示。

　　图 6-44　打开图像文件

　　图 6-45　置入图像

　　(3) 使用【钢笔】工具沿盘子边缘绘制路径，如图 6-46 所示。
　　(4) 选择【图层】|【矢量蒙版】|【当前路径】命令，创建矢量蒙版，如图 6-47 所示。

图 6-46　创建路径　　　　　　　　　　　　图 6-47　创建矢量蒙版

（5）在【图层】面板中双击嵌入的图像图层，打开【图层样式】对话框。在该对话框中选中【投影】选项，设置【不透明度】数值为 80%、【角度】为 45 度、【距离】为 30 像素、【大小】为 65 像素，然后单击【确定】按钮，如图 6-48 所示。

图 6-48　添加【投影】样式

6.5.2　链接、取消链接矢量蒙版

在默认状态下，图层与矢量蒙版是链接在一起的。当移动、变换图层时，矢量蒙版也会跟着发生变化。如果不想变换矢量蒙版时影响对象，可以单击链接图标取消链接，如图 6-49 所示。如果要恢复链接，可以在取消链接的地方单击，或选择【图层】|【矢量蒙版】|【链接】命令。

选择【图层】|【矢量蒙版】|【停用】命令；或在矢量蒙版上右击，在弹出的快捷菜单中选择【停用矢量蒙版】命令，如图 6-50 所示，可以暂时停用矢量蒙版，蒙版缩览图上会出现一个红色的叉号。如果要重新启用矢量蒙版，可以选择【图层】|【矢量蒙版】|【启用】命令。

图 6-49　取消链接　　　　　　　　　　　　图 6-50　停用矢量蒙版

6.5.3　转换矢量蒙版

矢量蒙版是基于矢量形状创建的，当不再需要改变矢量蒙版中的形状，或者需要对形状做进一步的灰度改变时，可以将矢量蒙版栅格化。栅格化操作实际上就是将矢量蒙版转换为图层蒙版的过程。选择矢量蒙版所在的图层，选择【图层】|【栅格化】|【矢量蒙版】命令，或直接右击，在弹出的快捷菜单中选择【栅格化矢量蒙版】命令，即可栅格化矢量蒙版，将其转换为图层蒙版，如图 6-51 所示。

图 6-51　栅格化矢量蒙版

> **提示**
>
> 选择【图层】|【矢量蒙版】|【显示全部】命令，可以创建显示全部图像的矢量蒙版；选择【图层】|【矢量蒙版】|【隐藏全部】命令，可以创建隐藏全部图像的矢量蒙版。

6.6　剪贴蒙版

剪贴蒙版是使用某个图层的内容来遮盖其上方的图层。遮盖效果由基底图层和其上方图层的内容决定。基底图层中的非透明区域形状，决定了创建剪贴蒙版后内容图层的显示。

6.6.1　创建剪贴蒙版

剪贴蒙版可以用于多个图层，且这些图层必须是连续的图层。在剪贴蒙版中，最下面的图层为基底图层，上面的图层为内容图层。基底图层名称下带有下画线，内容图层的缩览图是缩进的，并且带有剪贴蒙版图标。要创建剪贴蒙版，先在【图层】面板中选中内容图层，然后选择【图层】|【创建剪贴蒙版】命令；或在要应用剪贴蒙版的图层上右击，在弹出的快捷菜单中选择【创建剪贴蒙版】命令；或按 Alt+Ctrl+G 快捷键；或按住 Alt 键，将光标放在【图层】面板中分隔两组图层的线上，然后单击鼠标即可创建剪贴蒙版，如图 6-52 所示。

图 6-52　创建剪贴蒙版

【例6-7】　创建剪贴蒙版，制作图像效果。📹 视频

(1) 选择【文件】|【打开】命令，打开两幅素材图像，如图6-53所示。

图6-53　打开图像

(2) 选中墨迹图像，选择【魔棒】工具，在选项栏中设置【容差】数值为40，然后使用【魔棒】工具单击墨迹部分以创建选区，并按Ctrl+C快捷键复制选区内的图像，如图6-54所示。

(3) 选中背景图像，按Ctrl+V快捷键粘贴图像，并按Ctrl+T快捷键应用【自由变换】命令调整其位置及大小，如图6-55所示。

图6-54　创建选区并复制图像　　　　图6-55　粘贴并调整图像

(4) 选择【文件】|【置入嵌入对象】命令，打开【置入嵌入的对象】对话框。在该对话框中选中素材图像，然后单击【置入】按钮置入图像，如图6-56所示。

图6-56　置入图像

(5) 在【图层】面板中，右击智能对象图层，在弹出的快捷菜单中选择【创建剪贴蒙版】命令创建剪贴蒙版，如图 6-57 所示。

(6) 按 Ctrl+T 快捷键应用【自由变换】命令调整图像大小，如图 6-58 所示。

图 6-57　创建剪贴蒙版

图 6-58　调整图像大小

6.6.2　编辑剪贴蒙版

剪贴蒙版使用基底图层的不透明度和混合模式属性。因此，调整基底图层的不透明度和混合模式时，可以控制整个剪贴蒙版的不透明度和混合模式，如图 6-59 所示。调整内容图层的不透明度和混合模式时，仅对其自身产生作用，不会影响剪贴蒙版中其他图层的不透明度和混合模式，如图 6-60 所示。

图 6-59　调整基底图层

图 6-60　调整内容图层

 提示

将一个图层拖到剪贴蒙版的基底图层上，可将其加入剪贴蒙版中，如图 6-61 所示。

图 6-61　加入剪贴蒙版

6.6.3 释放剪贴蒙版

选择基底图层正上方的内容图层，选择【图层】|【释放剪贴蒙版】命令；或按 Alt+Ctrl+G 快捷键；或直接在要释放的图层上右击，在弹出的快捷菜单中选择【释放剪贴蒙版】命令，可释放全部剪贴蒙版，如图 6-62 所示。

用户也可以按住 Alt 键，将光标放在剪贴蒙版中两个图层之间的分隔线上，然后单击鼠标就可以释放剪贴蒙版中的图层，如图 6-63 所示。如果选中的内容图层上方还有其他内容图层，则这些图层也将会同时释放。

图 6-62　选择【释放剪贴蒙版】命令

图 6-63　释放剪贴蒙版 (2)

6.7　使用【图框】工具

在 Photoshop 中，使用【图框】工具可以轻松地实现蒙版功能。使用【图框】工具，可以在图像中快速创建矩形或椭圆形占位符图框。用户可以将任意形状或文本转换为图框，并使用图像填充图框。

要将图像置入图框，只需从【库】面板或本地磁盘中拖动 Adobe Stock 资源或库资源即可。图像会自动进行缩放，以适应图框的大小。置于图框中的内容始终是作为智能对象的，因而可以实现无损缩放。

【例 6-8】　制作照片模板。　　📹视频

(1) 打开一幅图像文件，选择【图框】工具，单击选项栏中的【矩形画框】按钮，接着在图层所在的位置按住鼠标左键拖动绘制图框，如图 6-64 所示。

图 6-64　绘制图框

(2) 释放鼠标后，即可看到该图层中画框以外的部分被隐藏。此时单击【图层】面板中的图框缩览图，拖动控制点即可调整图框的大小。如果单击【图层】面板中的图层内容缩览图，可以调整图层内容的大小、位置，如图 6-65 所示。

图 6-65　调整图层内容

(3) 如果要替换图框中的内容，右击图框图层，从弹出的快捷菜单中选择【替换内容】命令。在弹出的【替换文件】对话框中单击选择一个图像，接着单击【置入】按钮。可以适当调整替换的图像的位置和大小，如图 6-66 所示。

图 6-66　替换内容

> **提示**
>
> 如果要将矢量形状图形转换为图框对象，可以在【图层】面板中选中形状图层，右击，从弹出的快捷菜单中选择【转换为图框】命令。在弹出的【新建帧】对话框中，单击【确定】按钮，即可将形状图层转换为图框。如果要将文字对象转换为图框对象，选中文字图层，右击，在弹出的快捷菜单中选择【转换为图框】命令。在弹出的【新建帧】对话框中，单击【确定】按钮，即可将文字图层转换为图框，如图 6-67 所示。创建其他形状图框后，所需的图像可以置入图框中。

图 6-67　转换为图框

6.8 实例演练

本章的实例演练为制作啤酒节广告，用户通过练习从而巩固本章所学知识。

【例 6-9】 制作啤酒节广告。 🎬视频

(1) 选择【文件】|【打开】命令，打开素材图像文件。然后选择【文件】|【置入嵌入对象】命令，置入冰块图像素材，调整其大小及位置，如图 6-68 所示。

图 6-68 打开并置入图像

(2) 在【图层】面板中，单击【添加图层蒙版】按钮，为冰块图层添加图层蒙版。选择【画笔】工具，在选项栏中设置画笔样式为柔边圆，【大小】为 900 像素，【硬度】为 50%，【不透明度】为 30%，然后使用【画笔】工具在冰块图层蒙版中修饰图像保留部分，如图 6-69 所示。

图 6-69 添加图层蒙版

(3) 选择【文件】|【置入嵌入对象】命令，置入酒瓶图像素材，调整其大小及位置，如图 6-70 所示。

(4) 在【图层】面板中，单击【添加图层蒙版】按钮，为酒瓶图层添加图层蒙版。选择【画笔】工具，在选项栏中设置画笔样式为【KYLE 额外厚实炭笔】，【不透明度】为 25%，然后使用【画笔】工具在图层蒙版中修饰图像保留部分，如图 6-71 所示。

(5) 在【图层】面板中单击【创建新图层】按钮，新建【图层 1】图层。再右击【图层 1】图层，在弹出的快捷菜单中选择【创建剪贴蒙版】命令，如图 6-72 所示。

(6) 在【图层】面板中，设置【图层 1】图层的混合模式为【强光】，再选择【画笔】工具，将前景色设置为白色，然后在【图层 1】中涂抹添加效果，如图 6-73 所示。

图 6-70　置入图像

图 6-71　添加图层蒙版

图 6-72　创建剪贴蒙版

图 6-73　调整图层

(7) 选择【文件】|【打开】命令，打开冰块组合图像文件，按 Ctrl+J 键复制【背景】图层，如图 6-74 所示。

(8) 打开【通道】面板，选中【红】通道，将其拖动至【创建新通道】按钮上，创建出【红拷贝】通道，如图 6-75 所示。

图 6-74　打开图像并复制图层　　　　　　　图 6-75　复制通道

(9) 选择【图像】|【调整】|【曲线】命令，打开【曲线】对话框。在对话框的曲线调整区域中的阴影部分单击添加控制点，然后按住鼠标左键拖动，压暗画面的颜色。设置完成后，单击【确定】按钮，增强主体与其背景的对比度，以便得到选区，如图 6-76 所示。

(10) 选择【图像】|【调整】|【反相】命令，将颜色反相。单击【通道】面板底部的【将通道作为选区载入】按钮 ◯ 得到选区，再单击选中【RGB】通道，如图 6-77 所示。

图 6-76　使用【曲线】命令

图 6-77　载入选区

(11) 打开【图层】面板，关闭【背景】图层视图，选中复制的图层，单击【添加图层蒙版】按钮，基于选区添加图层蒙版，如图 6-78 所示。此时，主体以外的部分被隐藏。

(12) 在【图层】面板中，右击【图层 1】，在弹出的快捷菜单中选择【复制图层】命令，打开【复制图层】对话框。在对话框中，默认【为】为【图层 2】，设置【文档】为【背景 .jpg】，然后单击【确定】按钮，如图 6-79 所示。

图 6-78　添加图层蒙版　　　　　　图 6-79　复制图层

(13) 选中【背景.jpg】，按 Ctrl+T 键应用【自由变换】命令，调整【图层 2】中冰块组合图像的大小及位置。调整完成后，按 Enter 键应用调整，如图 6-80 所示。

(14) 按 Ctrl+J 键复制【图层 2】，生成【图层 2 拷贝】图层，并移动图像位置。然后选择【画笔】工具，将前景色设置为黑色，涂抹图层蒙版，调整图像效果，如图 6-81 所示。

(15) 继续按 Ctrl+J 键复制【图层 2 拷贝】，生成【图层 2 拷贝 2】图层，并移动图像位置。然后使用【画笔】工具涂抹图层蒙版，调整图像效果，如图 6-82 所示。

(16) 在【图层】面板中，选中【背景】图层，单击【创建新图层】按钮，新建【图层 3】

图层，并设置图层混合模式为【强光】。在【颜色】面板中，将前景色设置为 R:206 G:222 B:238，然后使用【画笔】工具添加底色，如图 6-83 所示。

图 6-80　调整图像(一)　　　　　　　　图 6-81　调整图像(二)

图 6-82　调整图像(三)　　　　　　　　图 6-83　添加底色(一)

(17) 在【图层】面板中，单击【创建新图层】按钮，新建【图层 4】图层，并设置图层混合模式为【明度】，【不透明度】为 90%。再选择【画笔】工具，将前景色设置为白色，在选项栏中设置柔边圆画笔样式，【不透明度】为 30%。然后使用【画笔】工具在酒瓶位置添加底色，如图 6-84 所示。

(18) 选择【文件】|【置入嵌入对象】命令，置入文字素材并调整其大小及位置，得到如图 6-85 所示效果。

图 6-84　添加底色(二)　　　　　　　　图 6-85　置入文字图像

6.9 习题

1. 如何在打开的图像中将通道转换为选区？
2. 如何从通道生成蒙版？
3. 利用通道制作如图 6-86 所示的图像效果。
4. 利用图层蒙版制作如图 6-87 所示的图像效果。

图 6-86　图像效果（一）

图 6-87　图像效果（二）

第7章
图层混合与图层样式

　　图层是 Photoshop 中承载设计元素的重要载体，通过调整图层的混合模式、不透明度，添加图层样式等操作，可以实现丰富多彩的图像效果。本章主要介绍 Photoshop 中图层的不透明度、混合模式、图层样式的应用等。

 本章重点

- 设置图层的不透明度
- 设置图层的混合模式
- 图层样式的应用

 二维码教学视频

【例 7-1】 添加预设的图层样式　　　【例 7-4】 添加自定义图层样式

【例 7-2】 复制、粘贴图层样式　　　【例 7-5】 使用混合选项

【例 7-3】 载入样式　　　　　　　　【例 7-6】 制作立体图标效果

7.1 不透明度设置

不透明度是指图层内容的透明程度。这里的图层内容包括图层中所承载的图像和形状、添加的效果、填充的颜色和图案。不透明度设置还可以应用于除【背景】图层以外的所有类型的图层，包括调整图层、3D 和视频等特殊图层。

7.1.1 设置【不透明度】

从应用角度看，不透明度主要用于混合图像、调整色彩的显现程度、调整工具效果的透明程度。当图层的不透明度为 100% 时，图层内容完全显示；低于该值时，图层内容会呈现出一定的透明效果。这时，位于其下方图层中的内容就会显现出来，如图 7-1 所示。图层的不透明度越低，下方的图层内容就越清晰。如果将不透明度调整为 0%，图层内容就完全透明了，此时下方图层内容完全显现。

图 7-1 设置图层内容的不透明度

在色彩方面，如果使用【填充】命令、【描边】命令、【渐变】工具和【油漆桶】工具进行填色、描边等操作时，可以通过【不透明度】选项设置颜色的透明程度；如果使用调整图层进行颜色和色调的调整，则可以通过【图层】面板中的【不透明度】选项调整强度，如图 7-2 所示。

图 7-2 设置色彩的不透明度

> **提示**
>
> 使用【画笔】工具、图章类、橡皮擦类等绘画和修复工具时，也可以在选项栏中设置不透明度。按下键盘中的数字键即可快速修改图层的不透明度。例如，按下 5，不透明度会变为 50%；按下 0，不透明度会恢复为 100%。

7.1.2　设置【填充】

不透明度的调节选项除【不透明度】外，还有【填充】选项。【填充】只影响图层中绘制的像素和形状的不透明度，不会影响图层样式的不透明度。当调整【不透明度】时，会对当前图层中的所有内容产生影响，包括填充、描边和图层样式等；调整【填充】时，只有填充变得透明，描边和图层样式效果都会保持原样，如图 7-3 所示。

图 7-3　设置填充

7.2　图层混合模式

混合模式是一项非常重要的功能。图层混合模式指当图像叠加时，上方图层和下方图层的像素进行混合，从而得到另外一种图像效果，且不会对图像造成任何的破坏。图层混合模式结合对图层不透明度的设置，可以控制图层混合后显示的深浅程度，常用于图像合成和特效制作中。

在【图层】面板的【设置图层的混合模式】下拉列表中，可以选择【正常】【溶解】【滤色】等混合模式。使用这些混合模式，可以混合所选图层中的图像与下方所有图层中的图像效果。

▽　【正常】模式：Photoshop 的默认模式，使用时不产生任何特殊效果，如图 7-4 所示。

▽　【溶解】模式：选择此选项后，降低图层的不透明度，可以使半透明区域上的像素离散，产生点状颗粒效果，如图 7-5 所示。【不透明度】值越小，颗粒效果越明显。

▽　【变暗】模式：选择此选项，在绘制图像时，软件将取两种颜色的暗色作为最终色，亮于底色的颜色将被替换，暗于底色的颜色保持不变，如图 7-6 所示。

图 7-4　【正常】模式　　　　图 7-5　【溶解】模式　　　　图 7-6　【变暗】模式

▽ 【正片叠底】模式：选择此选项，可以产生比底色与绘制色都暗的颜色，可以用来制作阴影效果，如图 7-7 所示。

▽ 【颜色加深】模式：选择此选项，可以使图像色彩加深，亮度降低，如图 7-8 所示。

▽ 【线性加深】模式：选择此选项，系统会通过降低图像画面亮度使底色变暗，从而反映绘制的颜色。当与白色混合时，将不发生变化，如图 7-9 所示。

图 7-7　【正片叠底】模式　　　　图 7-8　【颜色加深】模式　　　　图 7-9　【线性加深】模式

▽ 【深色】模式：选择此选项，系统将从底色和混合色中选择最小的通道值来创建结果颜色，如图 7-10 所示。

▽ 【变亮】模式：这种模式只有在当前颜色比底色深的情况下才起作用，底图的浅色将覆盖绘制的深色，如图 7-11 所示。

▽ 【滤色】模式：此选项与【正片叠底】选项的功能相反，通常这种模式的颜色都较浅。任何颜色的底色与绘制的黑色混合，原颜色都不受影响；与绘制的白色混合将得到白色；与绘制的其他颜色混合将得到漂白效果，如图 7-12 所示。

图 7-10　【深色】模式　　　　图 7-11　【变亮】模式　　　　图 7-12　【滤色】模式

▽ 【颜色减淡】模式：选择此选项，将通过降低对比度，使底色的颜色变亮来反映绘制的颜色，与黑色混合没有变化，如图 7-13 所示。

▽ 【线性减淡 (添加)】模式：选择此选项，将通过增加亮度使底色的颜色变亮来反映绘制的颜色，与黑色混合没有变化，如图 7-14 所示。

▽ 【浅色】模式：选择此选项，系统将从底色和混合色中选择最大的通道值来创建结果颜色，如图 7-15 所示。

▽ 【叠加】模式：选择此选项，使图案或颜色在现有像素上叠加，同时保留基色的明暗对比，如图 7-16 所示。

▽ 【柔光】模式：选择此选项，系统将根据绘制色的明暗程度来决定最终是变亮还是变暗。当绘制的颜色比 50% 的灰色暗时，图像通过增加对比度使图像变暗，如图 7-17 所示。

▽ 【强光】模式：选择此选项，系统将根据混合颜色决定执行正片叠底还是过滤。当绘制的颜色比 50% 的灰色亮时，底色图像变亮；当比 50% 的灰色暗时，底色图像变暗，如图 7-18 所示。

图 7-13 【颜色减淡】模式　　图 7-14 【线性减淡 (添加)】模式　　图 7-15 【浅色】模式

图 7-16 【叠加】模式　　图 7-17 【柔光】模式　　图 7-18 【强光】模式

▽ 【亮光】模式：选择此选项，可以使混合后的颜色更加饱和，如图 7-19 所示。如果当前图层中的像素比 50% 灰色亮，则通过减小对比度的方式使图像变亮；如果当前图层中的像素比 50% 灰色暗，则通过增加对比度的方式使图像变暗。

▽ 【线性光】模式：选择此选项，可以使图像产生更高的对比度，如图 7-20 所示。如果当前图层中的像素比 50% 灰色亮，则通过增加亮度使图像变亮；如果当前图层中的像素比 50% 灰色暗，则通过减小亮度使图像变暗。

▽ 【点光】模式：选择此选项，系统将根据绘制色来替换颜色。当绘制的颜色比 50% 的灰色亮时，则比绘制色暗的像素被替换，但比绘制色亮的像素不被替换；当绘制的颜色比 50% 的灰色暗时，比绘制色亮的像素被替换，但比绘制色暗的像素不被替换，如图 7-21 所示。

图 7-19 【亮光】模式　　图 7-20 【线性光】模式　　图 7-21 【点光】模式

▽ 【实色混合】模式：选择此选项，将混合颜色的红色、绿色和蓝色通道数值添加到底色的 RGB 值。如果通道计算的结果总和大于或等于 255，则 RGB 值为 255；如果小于 255，则 RGB 值为 0，效果如图 7-22 所示。

▽ 【差值】模式：选择此选项，系统将用图像画面中较亮的像素值减去较暗的像素值，其差值作为最终的像素值。当与白色混合时将使底色相反，而与黑色混合则不产生任何变化，如图 7-23 所示。

▽ 【排除】模式：选择此选项，可生成与【差值】选项相似的效果，但比【差值】模式生成的颜色对比度要小，因而颜色较柔和，如图 7-24 所示。

图 7-22　【实色混合】模式　　　　图 7-23　【差值】模式　　　　图 7-24　【排除】模式

▽ 【减去】模式：选择此选项，系统从目标通道中相应的像素上减去源通道中的像素值，如图 7-25 所示。

▽ 【划分】模式：选择此选项，系统将比较每个通道中的颜色信息，然后从底层图像中划分上层图像，如图 7-26 所示。

▽ 【色相】模式：选择此选项，系统将采用底色的亮度与饱和度，以及绘制色的色相来创建最终颜色，如图 7-27 所示。

图 7-25　【减去】模式　　　　图 7-26　【划分】模式　　　　图 7-27　【色相】模式

▽ 【饱和度】模式：选择此选项，系统将采用底色的亮度和色相，以及绘制色的饱和度来创建最终颜色，如图 7-28 所示。

▽ 【颜色】模式：选择此选项，系统将采用底色的亮度，以及绘制色的色相、饱和度来创建最终颜色，如图 7-29 所示。

▽ 【明度】模式：选择此选项，系统将采用底色的色相、饱和度，以及绘制色的明度来创建最终颜色。此选项实现效果与【颜色】选项相反，如图 7-30 所示。

图 7-28　【饱和度】模式

图 7-29　【颜色】模式

图 7-30　【明度】模式

 提示

　　【背后】和【清除】模式是绘画工具、【填充】和【描边】命令特有的混合模式。使用形状工具时，如果在选项栏中选择【像素】工具模式，则【模式】下拉列表中也包含这两种模式。【背后】模式仅在图层的透明部分编辑或绘画，不会影响图层中原有的图像，如图 7-31 所示。【清除】模式与橡皮擦工具的作用类似，在该模式下，工具或命令的不透明度决定了像素是否被完全清除，当不透明度为 100% 时，可以完全清除像素；不透明度小于 100% 时，则部分清除像素，如图 7-32 所示。

图 7-31　【背后】模式

图 7-32　【清除】模式

7.3　图层样式的应用

　　图层样式也称图层效果，它用于创建图像特效。图层样式可以随时修改、隐藏或删除，具有较强的灵活性。

7.3.1　快速添加图层样式

　　在 Photoshop 中，用户可以通过【样式】面板对图像或文字快速应用预设的图层样式效果，并且可以对预设样式进行编辑处理。【样式】面板用来保存、管理和应用图层样式。用户也可以将 Photoshop 提供的预设样式库，或外部样式库载入该面板中。选择【窗口】|【样式】命令，可以打开如图 7-33 所示的【样式】面板。

　　要添加预设样式，首先选择一个图层，然后单击【样式】面板中的一个样式，即可为所选图层添加样式。用户也可以打开【图层样式】对话框，在左侧的列表中选择【样式】选项，再从右侧的窗格中选择预设的图层样式，然后单击【确定】按钮，如图 7-34 所示。

图 7-33　【样式】面板

图 7-34　【图层样式】对话框

【例 7-1】　为打开的图像添加预设的图层样式。🎬视频

(1) 打开一个图像文件，在【图层】面板中选中需要添加样式的图层，如图 7-35 所示。

(2) 选择【窗口】|【样式】命令，打开【样式】面板。在【样式】面板中，包含了 4 组样式。单击样式组名称前的 ⟩ 按钮，展开样式组。单击样式组中的样式，即可为图层添加该样式，如图 7-36 所示。

图 7-35　选中图层

图 7-36　添加样式

(3) 如果【样式】面板中没有找到所需的预设样式，可以单击面板菜单按钮，在弹出的菜单中选择【旧版样式及其他】命令，载入 Photoshop 之前版本所包含的预设样式，然后从中选择所需要的预设样式，如图 7-37 所示。

图 7-37　载入并应用样式

7.3.2　【样式】面板的应用

图层样式的运用非常灵活，用户可以随时修改样式效果的参数、隐藏效果或者删除效果。这些操作都不会对图层中的图像造成任何破坏。

1. 新建图层样式

在【图层】面板中选择一个带有图层样式的图层后，直接单击【创建新样式】按钮🞢，如图 7-38 所示。

图 7-38　创建新样式

在弹出的如图 7-39 所示的【新建样式】对话框中为样式设置一个名称，单击【确定】按钮后，新建的样式会保存在【样式】面板的末尾。

图 7-39　【新建样式】对话框

▽　【名称】文本框：该文本框用来设置样式的名称。
▽　【包含图层效果】复选框：选中该复选框，可以将当前的图层效果设置为样式。
▽　【包含图层混合选项】复选框：如果当前图层设置了混合模式，选中该复选框后，新建的样式将具有这种混合模式。

2. 复制、粘贴图层样式

当需要对多个图层应用相同的样式效果时，复制和粘贴样式是最便捷的方法。复制方法为：在【图层】面板中，选择添加了图层样式的图层，选择【图层】|【图层样式】|【拷贝图层样式】命令复制图层样式；或直接在【图层】面板中，右击添加了图层样式的图层，在弹出的菜单中选择【拷贝图层样式】命令复制图层样式，如图 7-40 所示。

在【图层】面板中选择目标图层，然后选择【图层】|【图层样式】|【粘贴图层样式】

命令，或直接在【图层】面板中右击图层，在弹出的菜单中选择【粘贴图层样式】命令，可以将复制的图层样式粘贴到该图层中，如图 7-41 所示。

图 7-40　复制图层样式　　　　　　　　图 7-41　粘贴图层样式

提示

按住 Alt 键将效果图标从一个图层拖到另一个图层，可以将该图层的所有效果都复制到目标图层，如图 7-42 所示。如果只需复制一个效果，可按住 Alt 键拖动该效果的名称至目标图层。如果没有按住 Alt 键，则可以将效果移动到目标图层。

图 7-42　复制图层样式

【例 7-2】　在图像文件中，复制、粘贴图层样式。 视频

(1) 选择【文件】|【打开】命令，打开一个图像文件，如图 7-43 所示。

(2) 双击【图层】面板中的 photo 1 图层，打开【图层样式】对话框。在该对话框中选中【描边】样式，设置【大小】为 35 像素，如图 7-44 所示。单击【颜色】选项右侧色块，在弹出的【拾色器】对话框中设置颜色为【白色】。

图 7-43　打开图像文件　　　　　　　　图 7-44　添加【描边】样式

(3) 在【图层样式】对话框中选中【投影】样式，设置【不透明度】数值为 60%，【距离】为 35 像素，【大小】为 45 像素，然后单击【确定】按钮应用图层样式，如图 7-45 所示。

(4) 在 photo 1 图层上右击，在弹出的菜单中选择【拷贝图层样式】命令，再在 photo 2 图层上右击，在弹出的菜单中选择【粘贴图层样式】命令，效果如图 7-46 所示。

图 7-45　添加【投影】样式

图 7-46　复制、粘贴样式

3. 缩放图层样式

应用图层样式缩放效果，可以对目标分辨率和指定大小的效果进行调整。通过使用缩放效果，用户可以将图层样式中的效果缩放，而不会缩放应用图层样式的对象。选择【图层】|【图层样式】|【缩放效果】命令，即可打开如图 7-47 所示的【缩放图层效果】对话框。

4. 清除图层样式

如果要清除一种图层样式，将其拖至【删除图层】按钮 🗑 上即可；如果要删除一个图层的所有样式，可以将图层效果名称拖至【删除图层】按钮 🗑 上，如图 7-48 所示，也可以选择样式所在的图层，然后选择【图层】|【图层样式】|【清除图层样式】命令。

图 7-47　【缩放图层效果】对话框

图 7-48　删除图层

5. 存储、载入样式库

如果在【样式】面板中创建了大量的自定义样式，可以将这些样式放置在自定义的样式组中。在【样式】面板中，单击【新建样式组】按钮，或在面板菜单中选择【新建样式组】命令，在打开的【组名称】对话框中输入新建的样式组名称后，单击【确定】按钮，即可在面板中新建一个自定义样式组，如图 7-49 所示。

图 7-49　新建样式组

在【样式】面板菜单中选择【旧版样式及其他】命令，可以在面板中显示 Photoshop 旧版提供的预设样式库，如图 7-50 所示。用户也可以在面板菜单中选择【导入样式】命令，在打开的【载入】对话框中，选择外部样式库，单击【载入】按钮即可载入外部样式库，如图 7-51 所示。

图 7-50　载入预设样式库

图 7-51　载入外部样式库

【例 7-3】　在图像文件中，载入样式库并应用载入的样式。 📹视频

(1) 在 Photoshop 中，选择【文件】|【打开】命令，打开一个图像文件，并在【图层】面板中选中要添加样式的图层，如图 7-52 所示。

(2) 在【样式】面板中，单击面板菜单按钮，打开面板菜单。在该菜单中选择【导入样式】命令，如图 7-53 所示。

图 7-52　选中文字图层　　　　图 7-53　选择【导入样式】命令

(3) 在打开的【载入】对话框中,选中需要载入的样式库,然后单击【载入】按钮,如图 7-54 所示。

(4) 在【样式】面板中,单击刚载入的样式库中的样式,即可将其应用到文字图层中,如图 7-55 所示。

图 7-54　载入样式库

图 7-55　应用载入的样式

(5) 选择【图层】|【图层样式】|【缩放效果】命令,打开【缩放图层效果】对话框。在该对话框中,设置【缩放】数值为 30%,然后单击【确定】按钮,效果如图 7-56 所示。

图 7-56　缩放图层效果

7.3.3　创建自定义图层样式

用户可以使用系统预设的样式,或载入外部样式,只需通过单击即可将效果应用于图像。

1. 设置图层样式

如果要为图层添加自定义图层样式,可以选中该图层,然后使用下面任意一种方法打开如图 7-57 所示的【图层样式】对话框。

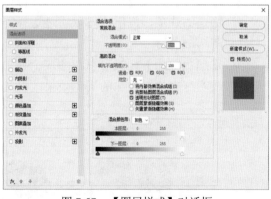

图 7-57　【图层样式】对话框

▽ 选择【图层】|【图层样式】菜单下的子命令,可打开【图层样式】对话框,并进入相应效果的设置面板。

▽ 单击【图层】面板底部的【添加图层样式】按钮,在弹出的菜单中选择一种样式,也可以打开【图层样式】对话框,并进入相应效果的设置面板。

▽ 双击需要添加样式的图层，打开【图层样式】对话框，在对话框左侧选择要添加
的效果，即可切换到该效果的设置面板。

提示

【背景】图层不能添加图层样式。如果要为【背景】图层添加样式，需要先将其
转换为普通图层。

【图层样式】对话框的左侧列出了 10 种效果。当效果名称前的复选框被选中时，表
示在图层中添加了该效果。

▽ 【斜面和浮雕】样式可以对图层添加高光与阴影的各种组合，使图层内容呈现立
体的浮雕效果。利用【斜面和浮雕】选项可以为图层添加不同的浮雕效果，还可
以添加图案纹理，让画面展现出不一样的浮雕效果，如图 7-58 所示。

▽ 【描边】样式可在当前的图层上描画对象的轮廓。设置的轮廓可以是颜色、渐变
色或图案，还可以控制描边的大小、位置、混合模式和填充类型等。选择不同的
填充类型，则会显示不同的设置选项，描边效果如图 7-59 所示。

▽ 【内阴影】样式可以在图层中的图像边缘内部增加投影效果，使图像产生立体和
凹陷的外观效果，如图 7-60 所示。

图 7-58　斜面和浮雕　　　　图 7-59　描边　　　　图 7-60　内阴影

▽ 【内发光】样式可以沿图层内容的边缘向内创建发光效果，如图 7-61 所示。

▽ 【光泽】样式可以创建光滑的内部阴影，为图像添加光泽效果。该图层样式没有
特别的选项，但用户可以通过选择不同的【等高线】来改变光泽的样式，效果如
图 7-62 所示。

▽ 【颜色叠加】样式可以在图层上叠加指定的颜色，通过设置颜色的混合模式和不
透明度来控制叠加的颜色效果，以达到更改图层内容颜色的目的，效果如图 7-63
所示。

图 7-61　内发光　　　　图 7-62　光泽　　　　图 7-63　颜色叠加

▽ 【渐变叠加】样式可以在图层内容上叠加指定的渐变颜色。在【渐变叠加】设置
选项中可以编辑任意的渐变颜色，然后通过设置渐变的混合模式、样式、角度、
不透明度和缩放等参数控制叠加的渐变颜色效果，如图 7-64 所示。

▽ 【图案叠加】样式可以在图层内容上叠加图案效果。利用【图层样式】对话框中
的【图案叠加】选项，可以选择 Photoshop 中预设的多种图案，然后缩放图案，设
置图案的不透明度和混合模式，制作出特殊质感的效果，如图 7-65 所示。

▽ 【外发光】样式可以沿图层内容的边缘向外创建发光效果，如图 7-66 所示。

| 图 7-64 渐变叠加 | 图 7-65 图案叠加 | 图 7-66 外发光 |

▽ 【投影】样式可以为图层内容边缘外侧添加投影效果，并控制投影的颜色、大小、
方向等，让图像效果更具立体感，如图 7-67 所示。

在对话框中设置样式参数后，单击【确定】按钮即可为图层添加样式，【图层】面板
中的图层右侧会显示一个图层样式标志 *fx*。单击该标志右侧的 按钮可折叠或展开样式列表，
如图 7-68 所示。

| 图 7-67 投影 | 图 7-68 展开样式列表 |

【例 7-4】 为打开的图像添加自定义图层样式。 视频

(1) 选择【文件】|【打开】命令，打开一个图像文件。双击需要添加样式的图层，打开【图
层样式】对话框，如图 7-69 所示。

(2)【图层样式】对话框左侧区域为图层样式列表，在某一项样式前单击，样式名称
前的复选框内有 标记，表示在图像中添加了该样式。在【图层样式】对话框中，选中【渐
变叠加】选项，设置【混合模式】为【正常】，【不透明度】数值为 100%，选中【反向】
复选框，然后单击【渐变】选项，在打开的【渐变编辑器】对话框中选中【预设】选项中
的【橙色 _10】预设渐变，如图 7-70 所示。

图 7-69　打开【图层样式】对话框

图 7-70　添加【渐变叠加】样式

提示

　　在【图层样式】对话框中，【投影】【内阴影】【斜面和浮雕】效果都包含了一个【使用全局光】复选框，选中该复选框后，以上效果将使用相同角度的光源。如果要调整全局光的角度和高度，可选择【图层】|【图层样式】|【全局光】命令，打开如图 7-71 所示的【全局光】对话框进行设置。

图 7-71　【全局光】对话框

　　(3) 对一个图层可以添加多个图层样式，在左侧图层样式列表中可以单击多个图层样式的名称，启用图层样式。在【图层样式】对话框中，选中【投影】选项，设置【混合模式】为【正片叠底】、【不透明度】数值为 80%、【角度】数值为 60 度、【距离】数值为 20 像素、【大小】数值为 68 像素，如图 7-72 所示。

　　(4) 在【图层样式】对话框中，选中【描边】选项，设置【大小】数值为 6 像素、颜色为 R:249 G:160 B:28，如图 7-73 所示。

　　(5) 有的图层样式名称后方带有一个![加号]，表明该样式可以被多次添加。如单击【描边】样式后方的![加号]，在图层样式里表中出现了另一个【描边】样式，设置描边【大小】数值为 10 像素、颜色为 R:236 G:235 B:124，此时该图层出现了两层描边，如图 7-74 所示。

图 7-72　添加【投影】样式

图 7-73　添加【描边】样式

图 7-74　再次添加【描边】样式

2. 设置等高线

使用【等高线】可以控制效果在指定范围内的起伏效果，以模拟不同的材质。在【图层样式】对话框中，【斜面和浮雕】【内阴影】【内发光】【光泽】【外发光】和【投影】效果都包含等高线设置选项。单击【等高线】选项右侧的按钮，可以在打开的如图 7-75

所示的下拉面板中选择预设的等高线样式。如果单击等高线缩览图，则可以打开如图7-76所示的【等高线编辑器】对话框。【等高线编辑器】对话框的使用方法与【曲线】对话框的使用方法非常相似，用户可以通过添加、删除和移动控制点来修改等高线的形状，从而影响图层样式的外观。

图 7-75　【等高线】选项　　　　图 7-76　打开【等高线编辑器】对话框

7.3.4　混合选项的运用

默认情况下，在打开的【图层样式】对话框中显示如图7-77所示的【混合选项】设置。在其中，用户可以对一些常见的选项，如混合模式、不透明度、混合颜色带等参数进行设置。

> **提示**
>
> 　　【混合颜色带】选项组的滑块只能隐藏像素，而不是真正删除像素。重新打开【图层样式】对话框后，将滑块拖回起始位置，便可以将隐藏的像素显示出来。

图 7-77　混合选项

1.【常规混合】选项组

在【混合选项】设置中，【常规混合】选项组中的【混合模式】和【不透明度】选项的设置与【图层】面板中的设置作用相同。

　▽　【混合模式】下拉列表：在该下拉列表中选择一个选项，即可使当前图层按照选择的混合模式与图像下层图层叠加在一起。

　▽　【不透明度】数值框：通过拖动滑块或直接在数值框中输入数值，设置当前图层的不透明度。

2.【高级混合】选项组

【高级混合】选项组中的设置选项用于控制图层蒙版、剪贴蒙版和矢量蒙版属性。它还可创建挖空效果。

　▽　【填充不透明度】数值框：通过拖动滑块或直接在数值框中输入数值，设置当前图层的填充不透明度。填充不透明度将影响图层中绘制的像素或图层中绘制的形

状，但不影响已经应用于图层的任何图层效果的不透明度。

▽ 【通道】复选框：通过选中不同通道的复选框，可以显示出不同的通道效果。

▽ 【挖空】选项：可以指定图像中哪些图层是穿透的，从而使其从其他图层的内容
中显示出来。

3.【混合颜色带】选项组

▽ 【混合颜色带】下拉列表：用来控制当前图层与其下面的图层混合时，在混合结
果中显示哪些像素。单击【混合颜色带】右侧的下拉按钮，在打开的下拉列表中
选择不同的颜色选项，然后通过拖动下方的滑块，可调整当前图层对象的相应颜色。

▽ 【本图层】：指当前正在处理的图层。拖动滑块，可以隐藏当前图层中的像素，
显示出下面图层中的图像。将左侧黑色滑块向右拖动时，当前图层中所有比该滑
块所在位置暗的像素都会被隐藏；将右侧的白色滑块向左拖动时，当前图层中所
有比该滑块所在位置亮的像素都会被隐藏。

▽ 【下一图层】：指当前图层下面的一个图层。拖动滑块，可以使下面图层中的像
素穿透当前图层显示出来。将左侧黑色滑块向右拖动时，可显示下面图层中较暗
的像素；将右侧的白色滑块向左拖动时，则可显示下面图层中较亮的像素。

👉【例 7-5】 在打开的图像文件中，使用混合选项调整图像效果。 🎬视频

(1) 选择【文件】|【打开】
命令，打开一个素材图像文
件，并在【图层】面板中选
中文字图层，如图 7-78 所示。

(2) 双击文字图层，打
开【图层样式】对话框。在
该对话框的【混合选项】设

图 7-78 选中文字图层

置区域中，打开【混合模式】下拉列表，选择【叠加】选项，如图 7-79 所示。

(3) 单击【混合颜色带】下拉按钮，从弹出的下拉列表中选择【蓝】选项，然后按住
Alt 键拖动【下一图层】黑色滑块的右半部分至 153，按 Alt 键拖动右侧白色滑块的左半部
分至 175，如图 7-80 所示。

图 7-79 设置混合模式 　　　　　　图 7-80 设置混合颜色带

(4) 在【图层样式】对话框左侧列表中选中【投影】选项，设置【不透明度】数值为67%、【角度】为69度、【距离】为5像素、【扩展】数值为30%、【大小】为15像素，然后单击【确定】按钮应用图层样式，如图7-81所示。

图 7-81　添加【投影】样式

7.4　实例演练

本章的实例演练为制作立体图标效果，用户通过练习从而巩固本章所学知识。

【例7-6】 制作立体图标效果。 视频

(1) 选择【文件】|【新建】命令，打开【新建文档】对话框。在对话框中输入文档名称"icon"，设置单位为【像素】，【宽度】数值为512，【高度】数值为512，【分辨率】数值为300像素/英寸，然后单击【创建】按钮，如图7-82所示。

(2) 选择【视图】|【新建参考线】命令，打开【新建参考线】对话框。在对话框中，设置【位置】数值为20像素，然后单击【确定】按钮。再次选择【视图】|【新建参考线】命令，打开【新建参考线】对话框。在对话框中，设置【位置】数值为492像素，然后单击【确定】按钮，如图7-83所示。

图 7-82　新建文档　　　　　　　　图 7-83　设置参考线(一)

(3) 选择【视图】|【新建参考线】命令，打开【新建参考线】对话框。在对话框中，选中【水平】单选按钮，设置【位置】数值为20像素，然后单击【确定】按钮。再次选择【视图】|

【新建参考线】命令，打开【新建参考线】对话框。在对话框中，选中【水平】单选按钮，设置【位置】数值为 492 像素，然后单击【确定】按钮，如图 7-84 所示。

(4) 选择【椭圆】工具，在选项栏中设置工具工作模式为【形状】，设置填充色为 R:227 G:227 B:227，描边粗细数值为 1 像素。然后使用【椭圆】工具紧贴参考线绘制形状，如图 7-85 所示。

图 7-84　设置参考线 (二)　　　　　　图 7-85　绘制形状

(5) 双击【椭圆 1】图层，打开【图层样式】对话框。在对话框中，选中【描边】选项，设置【大小】数值为 1 像素，【不透明度】数值为 90%，单击【颜色】色板，在弹出的【拾色器 (描边颜色)】对话框中，设置描边颜色为 R:102 G:102 B:102，然后单击【确定】按钮关闭【拾色器 (描边颜色)】对话框，如图 7-86 所示。

(6) 在【图层样式】对话框中，选中【渐变叠加】选项。设置【混合模式】为【柔光】，【不透明度】数值为 100%，单击渐变预览条，打开【渐变编辑器】对话框。在【渐变编辑器】对话框的【预设】选项组中，选中【前景色到背景色渐变】选项，然后单击【确定】按钮关闭【渐变编辑器】对话框。再单击【图层样式】对话框中的【确定】按钮，如图 7-87 所示。

图 7-86　添加【描边】样式　　　　　　图 7-87　添加【渐变叠加】样式

(7) 按 Ctrl+J 快捷键复制【椭圆 1】图层，生成【椭圆 1 拷贝】图层，并删除图层样式，如图 7-88 所示。

(8) 在【属性】面板中，单击【链接形状的宽度和高度】图标，设置 W 数值为 452 像素，X 数值为 30 像素，H 数值为 452 像素，Y 数值为 30 像素，如图 7-89 所示。

图 7-88　复制图层　　　　　　　　　　　图 7-89　变换图形

(9) 按 Ctrl+J 快捷键复制【椭圆 1 拷贝】图层，生成【椭圆 1 拷贝 2】图层。在【属性】面板中，单击【链接形状的宽度和高度】图标，设置 W 数值为 442 像素，X 数值为 35 像素，H 数值为 442 像素，Y 数值为 35 像素，如图 7-90 所示。

(10) 按 Ctrl+J 快捷键复制【椭圆 1 拷贝 2】图层，生成【椭圆 1 拷贝 3】图层。在【属性】面板中，单击【链接形状的宽度和高度】图标，设置 W 数值为 422 像素，X 数值为 45 像素，H 数值为 442 像素，Y 数值为 45 像素，如图 7-91 所示。

图 7-90　复制并变换图形(一)　　　　　　图 7-91　复制并变换图形(二)

(11) 按 Ctrl+J 快捷键复制【椭圆 1 拷贝 3】图层，生成【椭圆 1 拷贝 4】图层。在【属性】面板中，单击【链接形状的宽度和高度】图标，设置 W 数值为 412 像素，X 数值为 50 像素，H 数值为 412 像素，Y 数值为 50 像素，如图 7-92 所示。

(12) 在【图层】面板中，选中【椭圆 1 拷贝】图层。双击该图层，打开【图层样式】对话框。选中【渐变叠加】选项，设置【混合模式】为【正常】，单击渐变预览条，打开【渐变编辑器】对话框。在【渐变编辑器】对话框中，设置渐变填色为【不透明度】为 20% 的 R:204 G:204 B:204 至 R:136 G:136 B:136，然后单击【确定】按钮关闭【渐变编辑器】对话框。再单击【图层样式】对话框中的【确定】按钮，如图 7-93 所示。

(13) 在【图层】面板中，选中【椭圆 1 拷贝 2】图层。双击该图层，打开【图层样式】对话框。选中【渐变叠加】选项，单击渐变预览条，打开【渐变编辑器】对话框。在【渐变编辑器】对话框中，设置渐变填色为【不透明度】为 100% 的 R:33 G:37 B:44 至 R:164 G:172 B:179，然后单击【确定】按钮关闭【渐变编辑器】对话框。再单击【图层样式】对话框中的【确定】按钮，如图 7-94 所示。

图 7-92 复制并变换图形(三)

图 7-93 添加【渐变叠加】样式(一)

图 7-94 添加【渐变叠加】样式(二)

(14) 在【图层】面板中,选中【椭圆 1 拷贝 3】图层。双击该图层,打开【图层样式】对话框。在对话框中,选中【描边】选项,设置【大小】数值为 2 像素,【位置】为【外部】,【不透明度】数值为 100%,单击【颜色】色块,在弹出的【拾色器(描边颜色)】对话框中,设置描边颜色为 R:15 G:34 B:61,然后单击【确定】按钮返回【图层样式】对话框,如图 7-95 所示。

(15) 在【图层样式】对话框中选中【内发光】选项,设置【混合模式】为【正片叠底】、【不透明度】数值为 67%,单击内发光颜色色块,在弹出的【拾色器(内发光颜色)】对话框中设置颜色为 R:6 G:58 B:123,单击【确定】按钮,返回【图层样式】对话框,设置【大小】数值为 27 像素,如图 7-96 所示。

图 7-95 添加【描边】样式

图 7-96 添加【内发光】样式

(16) 在【图层样式】对话框中选中【渐变叠加】选项，设置【样式】为【径向】，单击渐变预览条，打开【渐变编辑器】对话框。在该对话框中，设置渐变填色为 R:46 G:203 B:243 至 R:12 G:82 B:153，然后单击【确定】按钮关闭【渐变编辑器】对话框，如图 7-97 所示。

图 7-97　添加【渐变叠加】样式

(17) 在【图层样式】对话框中选中【外发光】选项，设置【混合模式】为【正常】，【不透明度】数值为 75%，外发光颜色为黑色，【扩展】数值为 10%，【大小】数值为 11 像素，然后单击【确定】按钮，如图 7-98 所示。

(18) 在【图层】面板中，选中【椭圆 1 拷贝 4】图层。按 Ctrl+T 快捷键键应用【自由变换】命令调整形状。再使用【直接选择】工具调整形状外观，如图 7-99 所示。

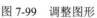

图 7-98　添加【外发光】样式　　　　　　　　图 7-99　调整图形

(19) 在【图层】面板中双击【椭圆 1 拷贝 4】图层，打开【图层样式】对话框。在该对话框中选中【渐变叠加】选项，设置【样式】为【线性】，单击渐变预览条，打开【渐变编辑器】对话框，设置渐变填色为不透明度为 0% 的白色至不透明度为 50% 的白色，然后单击【确定】按钮关闭【渐变编辑器】对话框。再单击【图层样式】对话框中的【确定】按钮，如图 7-100 所示。

(20) 在【图层】面板中设置【椭圆 1 拷贝 4】图层的混合模式为【深色】，如图 7-101 所示。

(21) 在【图层】面板中，按 Ctrl 键单击【椭圆 1 拷贝 3】图层缩览图载入选区。单击【创建新图层】按钮，新建【图层 1】，并按 Ctrl+Delete 快捷键使用背景色填充选区，如图 7-102 所示。

(22) 将选区向上移动，并按 Delete 键删除选区内的图像，如图 7-103 所示。

图 7-100　添加【渐变叠加】样式

图 7-101　设置图层的混合模式

图 7-102　创建并填充选区

图 7-103　删除选区内的图像

(23) 按 Ctrl+D 快捷键取消选区，并在【图层】面板中设置【图层 1】混合模式为【柔光】，如图 7-104 所示。

(24) 选择【自定形状】工具，在选项栏中设置填充颜色为 R:227 G:227 B:227，在【形状】下拉面板中选择【八分音符】形状，然后在文档中绘制形状，如图 7-105 所示。

图 7-104　设置图层混合模式

图 7-105　绘制音符形状

(25) 在【图层】面板中双击【八分音符 1】图层，打开【图层样式】对话框。在该对话框中选中【投影】选项，设置投影颜色为 R:0 G:51 B:102，【角度】数值为 90 度，【距离】数值为 5 像素，【扩展】数值为 18%，【大小】数值为 19 像素，如图 7-106 所示。

(26) 在【图层样式】对话框中选中【渐变叠加】选项，设置【混合模式】为【柔光】，单击渐变预览条，打开【渐变编辑器】对话框。在【渐变编辑器】对话框中，设置渐变填色为黑色至白色至 R:84 G:84 B:84，然后单击【确定】按钮返回【图层样式】对话框，如图 7-107 所示。

图 7-106　添加【投影】样式

图 7-107　添加【渐变叠加】样式

(27) 在【图层样式】对话框中选中【内阴影】选项，设置【混合模式】为【正常】，阴影颜色为白色，【不透明度】数值为 75%，【角度】数值为 90 度，【距离】数值为 6 像素，【大小】数值为 1 像素，如图 7-108 所示。

(28) 在【图层样式】对话框中选中【描边】选项，设置【位置】为【居中】，【不透明度】数值为 90%，然后单击【确定】按钮，如图 7-109 所示。

图 7-108　添加【内阴影】样式

图 7-109　添加【描边】样式

(29) 在【图层】面板中，选中【椭圆 1】至【八分音符 1】图层，并从面板菜单中选择【从图层新建组】命令，打开【从图层新建组】对话框。在该对话框的【名称】文本框中输入"icon"，在【颜色】下拉列表中选择【红色】，然后单击【确定】按钮，如图 7-110 所示。

(30) 选择【文件】|【打开】命令，打开一幅背景素材图像，如图 7-111 所示。

图 7-110　新建图层组

图 7-111　打开背景素材图像

(31) 返回 icon 文档，在【图层】面板的 icon 图层上单击鼠标右键，从弹出的快捷菜单中选择【复制组】命令，打开【复制组】对话框。在该对话框的【文档】下拉列表中选择【背景.jpg】，然后单击【确定】按钮，如图 7-112 所示。

(32) 返回背景素材文档，使用【移动】工具调整 icon 位置，如图 7-113 所示。

图 7-112　【复制组】对话框

图 7-113　移动图像

(33) 选择【横排文字】工具，在画板中单击，在选项栏中设置字体大小为 36 点，字体颜色为白色，然后输入文字内容，如图 7-114 所示。

(34) 在【图层】面板中双击文字图层，打开【图层样式】对话框。在该对话框中选中【投影】选项，设置投影颜色为黑色，如图 7-115 所示。

图 7-114　输入文字

图 7-115　添加【投影】样式

(35) 在【图层样式】对话框中选中【渐变叠加】选项，设置【混合模式】为【正片叠底】，单击渐变预览条，打开【渐变编辑器】对话框，将渐变颜色设置为 R:176 G:176 B:176 至白色，单击【确定】按钮，返回【图层样式】对话框，如图 7-116 所示。

(36) 在【图层样式】对话框中选中【内阴影】选项，设置【角度】数值为 120 度，【距离】数值为 4 像素，【大小】数值为 0 像素，然后单击【确定】按钮，如图 7-117 所示。

(37) 在【图层】面板中双击 icon 图层，打开【图层样式】对话框。选中【投影】选项，设置【大小】数值为 40 像素，然后单击【确定】按钮，如图 7-118 所示。

图 7-116　添加【渐变叠加】样式

图 7-117　添加【内阴影】样式

图 7-118　添加【投影】样式

7.5　习题

1. 混合模式用在哪里？
3. 打开图像文件，使用图层样式制作如图 7-119 所示的图像效果。
4. 打开两个图像文件，并通过图层操作调整图像效果，如图 7-120 所示。

图 7-119　图像效果（一）

图 7-120　图像效果（二）

第8章
图像颜色调整

调色是数码照片编辑中非常重要的功能，图像的色彩在很大程度上能够决定图像的好坏。对于设计作品也是一样，正确使用色彩也是非常重要的。不同的颜色往往带有不同的情感倾向，对于观者心理产生的影响也不同。在 Photoshop 中不仅可以调整画面的色彩，还可以通过调色技术的使用，制作各种各样的效果。

▶ 本章重点

- ● 【色阶】命令
- ● 【曲线】命令
- ● 【通道混合器】命令
- ● 使用调整图层调色

▶ 二维码教学视频

【例 8-1】 使用【亮度 / 对比度】命令
【例 8-2】 使用【曝光度】命令
【例 8-3】 使用【色阶】命令
【例 8-4】 使用【曲线】命令
【例 8-5】 使用【色相 / 饱和度】命令
【例 8-6】 使用【色彩平衡】命令

【例 8-7】 使用【黑白】命令
【例 8-8】 使用【照片滤镜】命令
【例 8-9】 使用【通道混合器】命令
【例 8-10】 使用【渐变映射】命令
【例 8-11】 使用【可选颜色】命令
本章其他视频参见视频二维码列表

8.1 调整图像的影调

不同的图像获取方式会产生不同的曝光问题。在 Photoshop 中可以使用相应的调整命令调整图像的曝光。

8.1.1 自动调色命令

在【图像】菜单下有 3 个用于自动调整图像颜色的命令：【自动色调】命令、【自动对比度】命令和【自动颜色】命令。这 3 个命令无须进行参数设置，选择命令后，Photoshop 会自动计算图像颜色和明暗中存在的问题并进行校正，适合处理一些数码照片常见的偏色、偏灰、偏暗或偏亮等问题。

【自动色调】命令可以自动调整图像中的黑场和白场，将每个颜色通道中最亮和最暗的像素映射到纯白 (色阶为 255) 和纯黑 (色阶为 0)，中间像素值按比例重新分布，从而增强图像的对比度。该命令常用于校正图像常见的偏色问题，如图 8-1 所示。

图 8-1 使用【自动色调】命令

【自动对比度】命令可以自动调整图像亮部和暗部的对比度。它将图像中最暗的像素转换为黑色，将最亮的像素转换为白色，从而增大图像的对比度。该命令常用于校正图像对比度过低的问题，如图 8-2 所示。

图 8-2 使用【自动对比度】命令

【自动颜色】命令主要用于校正图像中颜色的偏差，如图 8-3 所示。通过搜索图像来标识阴影、中间调和高光，从而调整图像的对比度和颜色。默认情况下，【自动颜色】使用 RGB128 灰色这一目标颜色来中和中间调，并将阴影和高光像素剪切 0.5%。

图 8-3　使用【自动颜色】命令

8.1.2　【亮度 / 对比度】命令

亮度即图像的明暗程度。对比度表示的是图像中明暗区域最亮的白和最暗的黑之间不同亮度层级的差异范围，范围越大则对比越大，反之则越小。【亮度 / 对比度】命令是一个简单直接的调整命令，使用该命令可以增亮或变暗图像中的色调。

选择【图像】|【调整】|【亮度 / 对比度】命令，在打开的对话框中，【亮度】用来设置图像的整体亮度。数值为负值时，表示降低图像的亮度；数值为正值时，表示提高图像的亮度。【对比度】用于设置图像对比度的强烈程度。数值为负值时，图像对比度减弱；为正值时，图像对比度增强。

【例 8-1】　使用【亮度 / 对比度】命令调整图像。📹 视频

(1) 选择【文件】|【打开】命令，打开素材图像文件，并按 Ctrl+J 快捷键复制【背景】图层，如图 8-4 所示。

(2) 选择【图像】|【调整】|【亮度 / 对比度】命令，打开【亮度 / 对比度】对话框。设置【亮度】值为 65，【对比度】值为 15，然后单击【确定】按钮应用调整，如图 8-5 所示。

图 8-4　打开图像并复制图层　　　　　　图 8-5　使用【亮度 / 对比度】命令

💡 提示

　　使用【亮度 / 对比度】命令调整图像的过程中，如果对调整的结果不满意，可以按住 Alt 键，此时对话框中的【取消】按钮会变成【复位】按钮，单击【复位】按钮，可将图像还原到初始状态。

8.1.3 【曝光度】命令

【曝光度】命令的作用是调整 HDR(32 位) 图像的色调，但也可用于 8 位和 16 位图像。曝光度是通过在线性颜色空间 (灰度系数 1.0)，而不是图像的当前颜色空间执行计算而得出的。选择【图像】|【调整】|【曝光度】命令，打开如图 8-6 所示的【曝光度】对话框。

图 8-6　【曝光度】对话框

> **提示**
>
> 使用设置黑场吸管工具在图像中单击，可以使单击点的像素变为黑色；设置白场吸管工具可以使单击点的像素变为白色；设置灰场吸管工具可以使单击点的像素变为中度灰色。

▽　【曝光度】：调整色调范围的高光端，对极限阴影的影响很轻微。

▽　【位移】：使阴影和中间调变暗，对高光的影响很轻微。

▽　【灰度系数校正】：使用简单的乘方函数调整图像灰度系数。

【例 8-2】 使用【曝光度】命令调整图像。 视频

(1) 选择【文件】|【打开】命令，打开素材图像文件，按 Ctrl+J 快捷键复制【背景】图层，如图 8-7 所示。

(2) 选择【图像】|【调整】|【曝光度】命令，打开【曝光度】对话框。在该对话框中，设置【曝光度】数值为 0.28，【位移】数值为 -0.0285，【灰度系数校正】数值为 0.86，然后单击【确定】按钮，如图 8-8 所示。

图 8-7　打开图像并复制图层

图 8-8　使用【曝光度】命令

8.1.4 【色阶】命令

使用【色阶】命令可以通过调整图像的阴影、中间调和高光的强度级别，校正图像的色调范围和色彩平衡。【色阶】直方图用作调整图像基本色调的直观参考。选择【图像】|【调整】|【色阶】命令，或按 Ctrl+L 快捷键，打开如图 8-9 所示的【色阶】对话框。

其中，【预设】下拉列表中有 8 个预设选项，选择任意选项，即可将当前图像调整为预设效果，如图 8-10 所示。

图 8-9　【色阶】对话框

图 8-10　【预设】选项

在【输入色阶】区域中可以通过拖动滑块来调整图像的阴影、中间调和高光，同时也可以直接在对应的输入框中输入数值。左边的黑色滑块用于调节深色系的色调，右边的白色滑块用于调节浅色系的色调。将左侧滑块向右侧拖动，明度升高；将右侧滑块向左侧拖动，明度降低，如图 8-11 所示。

图 8-11　调整阴影、高光

中间的滑块用于调节中间调，向左拖动【中间调】滑块，画面中间调区域会变亮，受其影响，画面大部分区域会变亮；向右拖动【中间调】滑块，画面中间调区域会变暗，受其影响，画面大部分区域会变暗，如图 8-12 所示。

图 8-12　调整中间调

在【输出色阶】区域中可以设置图像的亮度范围，从而降低对比度，使图像呈现褪色效果。向右拖动暗部滑块，画面暗部区域会变亮，画面会产生变灰的效果。向左拖动亮部滑块，画面亮部区域会变暗，如图 8-13 所示。

图 8-13　调整输出色阶

在【色阶】对话框中，使用【在图像中取样以设置黑场】按钮 在图像中单击取样，可以将单击点处的像素调整为黑色，同时图像中比该取样点暗的像素也会变成黑色；使用【在图像中取样以设置灰场】按钮 在图像中单击取样，可以根据单击点像素的亮度来调整其他中间调的平均亮度；使用【在图像中取样以设置白场】按钮 在图像中单击取样，可以将单击点处的像素调整为白色，同时图像中比该取样点亮的像素也会变成白色，如图 8-14 所示。

(a) 设置黑场　　　　　　　　(b) 设置灰场　　　　　　　　(c) 设置白场

图 8-14　设置黑场、灰场、白场

【例 8-3】　使用【色阶】命令调整图像。 视频

(1) 选择【文件】|【打开】命令，打开素材图像文件，并按 Ctrl+J 快捷键复制【背景】图层，如图 8-15 所示。

(2) 选择菜单栏中的【图像】|【调整】|【色阶】命令，打开【色阶】对话框。在该对话框中，设置【输入色阶】数值为 100、1.04、255，然后单击【确定】按钮，如图 8-16所示。

图 8-15　打开图像并复制图层　　　　　　　图 8-16　使用【色阶】命令

8.1.5　【曲线】命令

【曲线】命令和【色阶】命令类似，都用来调整图像的色调范围。不同的是，【色阶】命令只能调整亮部、暗部和中间灰度，而【曲线】命令可以对图像颜色通道中 0~255 范围内的任意点进行色彩调节，从而创造出更多种色调和色彩效果。选择【图像】|【调整】|【曲线】命令，或按 Ctrl+M 快捷键，可打开如图 8-17 所示的【曲线】对话框。

在【曲线】对话框的【预设】下拉列表中共有【彩色负片】【反冲】【较暗】【增加对比度】【较亮】【线性对比度】【中对比度】【负片】和【强对比度】9 种预设效果，如图 8-18 所示。

图 8-17　【曲线】对话框　　　　　　图 8-18　【预设】选项

> **提示**
>
> 　　在【曲线】对话框中，横轴用来表示图像原来的亮度值，相当于【色阶】对话框中的输入色阶；纵轴用来表示新的亮度值，相当于【色阶】对话框中的输出色阶；对角线用来显示当前【输入】和【输出】数值之间的关系。在没有进行调整时，所有的像素拥有相同的【输入】和【输出】数值。

▽　绘制方式按钮：选中【编辑点以修改曲线】按钮，通过编辑点来修改曲线；选中【通过绘制来修改曲线】按钮，通过绘制来修改曲线。

▽　曲线调整窗口：在该窗口中，通过拖动、单击等操作控制白场、灰场和黑场的曲线。网格线的水平方向表示图像文件中像素的亮度分布，垂直方向表示调整后图像中像素的亮度分布，即输出色阶。在打开【曲线】对话框时，曲线是一条斜度为 45°的直线，表示此时输入与输出的亮度相等。

▽　吸管工具组：在图像中单击，用于设置黑场、灰场和白场。

▽　【在图像上单击并拖动可修改曲线】按钮：选中该按钮，在图像上单击并拖动即可修改曲线。

▽　【显示数量】选项组：在该选项组中包括【光 (0-255)】和【颜料 / 油墨 %】两个选项，它们分别表示显示光亮 (加色) 和显示颜料量 (减色)。选择该选项组中的任意一个选项，可切换当前曲线调整窗口中的显示方式。

▽ 【网格大小】选项组：单击 田 按钮，使曲线调整窗口以四分之一色调增量方式显示简单网格；单击 田 按钮，使曲线调整窗口以 10% 增量方式显示详细网格。

▽ 【显示】选项组：在该选项组中包括【通道叠加】【直方图】【基线】和【交叉线】4 个复选框。选中该选项组中的相应复选框，可以控制曲线调整窗口的显示效果和显示项目。

预设并不一定适合所有情况，大部分情况下还需要我们自己对曲线进行调整。通常情况下，中间调区域控制的范围较大，所以在对画面整体进行调整时，大多会选择在曲线中间段部分进行调整。如果想让画面整体变亮一些，可以选择在曲线的中间调区域按住鼠标左键，并向左上拖动，此时画面就会变亮，如图 8-19 所示。想要使画面整体变暗一些，可以在曲线的中间区域上按住鼠标左键并向右下拖动，如图 8-20 所示。

图 8-19 提亮画面   图 8-20 压暗画面

想要增强画面对比度，则需要使画面亮部变得更亮，而暗部变得更暗，这就需要将曲线调整为 S 形，在曲线上半段添加点并向左上拖动，在曲线下半段添加点并向右下拖动；反之，想要使图像对比度降低，则需要将曲线调整为反 S 形，如图 8-21 所示。

图 8-21 调整画面对比度

使用曲线可以校正偏色，也可以使画面产生各种各样的颜色。如果画面颜色倾向于某种颜色，那么在进行调色处理时，就需要减少该颜色，可以在通道列表中选择相应颜色，然后调整曲线形态。如果想要改变图像画面的色调，则可以调整单独通道的明暗来使画面颜色改变，如图 8-22 所示。

图 8-22 改变画面色调

【例 8-4】　使用【曲线】命令调整图像。◎视频

(1) 选择【文件】|【打开】命令，打开素材图像文件，按 Ctrl+J 快捷键复制【背景】图层，如图 8-23 所示。

(2) 选择【图像】|【调整】|【曲线】命令，打开【曲线】对话框。在该对话框的曲线调节区内，调整 RGB 通道曲线的形状，如图 8-24 所示。

图 8-23　打开图像并复制图层　　　　　　图 8-24　调整 RGB 通道

(3) 在【通道】下拉列表中选择【蓝】通道选项，然后在曲线调节区内，调整蓝通道曲线的形状，最后单击【确定】按钮，如图 8-25 所示。

图 8-25　调整画面蓝色调

8.2　调整图像的色彩

利用 Photoshop 可以调整图像的色彩，如提高图像的色彩饱和度、更改色相、制作黑白图像或对部分颜色进行调整等，以完善图像颜色、丰富图像画面效果。

8.2.1　【色相/饱和度】命令

【色相/饱和度】命令主要用于改变图像像素的色相、饱和度和明度，也可以通过给像素定义新的色相和饱和度，实现给灰度图像上色的功能，还可以制作单色调效果。

选择【图像】|【调整】|【色相/饱和度】命令，或按 Ctrl+U 快捷键，可以打开如图 8-26 所示的【色相/饱和度】对话框。由于位图和灰度模式的图像不能使用【色相/饱和度】命令，因此使用前必须先将其转换为 RGB 模式或其他颜色模式。

在【预设】下拉列表中提供了【氰版照相】【进一步增加饱和度】【增加饱和度】【旧样式】【红色提升】【深褐】【强饱和度】和【黄色提升】8 种色相/饱和度预设，如图 8-27 所示。

图 8-26　【色相/饱和度】对话框　　　　图 8-27　【预设】选项

如果想要调整画面中某种颜色的色相、饱和度、明度，可以在【颜色通道】下拉列表中选择红色、黄色、绿色、青色、蓝色或洋红通道，然后进行调整，如图 8-28 所示。

图 8-28　调整颜色

▽　【色相】：调整滑块可以更改画面中各部分或某种颜色的色相。

▽　【饱和度】：调整饱和度数值，可以增强或减弱画面整体或某种颜色的鲜艳程度。数值越大，颜色越艳丽。

▽　【明度】：调整明度数值，可以使画面整体或某种颜色的明亮程度增加。数值越大，越接近白色；数值越小，越接近黑色。

▽　🖑：选中该工具，在图像上单击设置取样点，然后将光标向左拖动可以降低图像的饱和度，向右拖动可以增加图像的饱和度。

在【色相/饱和度】对话框中，还可对图像进行着色操作。在该对话框中，选中【着色】复选框，通过拖动【色相】和【饱和度】滑块来改变其颜色，如图 8-29 所示。

图 8-29　着色图像

【例 8-5】　使用【色相 / 饱和度】命令调整图像。👉视频

(1) 选择【文件】|【打开】命令，打开一个图像文件，按 Ctrl+J 快捷键复制【背景】图层，如图 8-30 所示。

(2) 选择【图像】|【调整】|【色相 / 饱和度】命令，打开【色相 / 饱和度】对话框。在该对话框中设置通道为【绿色】，设置【色相】数值为 80、【饱和度】数值为 -35，然后单击【确定】按钮，如图 8-31 所示。

图 8-30　打开图像并复制图层

图 8-31　使用【色相 / 饱和度】命令

8.2.2　【色彩平衡】命令

使用【色彩平衡】命令，可以调整彩色图像中颜色的组成。因此，【色彩平衡】命令多用于调整偏色图片，或者用于处理特意突出某种色调范围的图像。

选择【图像】|【调整】|【色彩平衡】命令，或按 Ctrl+B 快捷键，打开如图 8-32 所示的【色彩平衡】对话框。

图 8-32　【色彩平衡】对话框

> 💡 提示
>
> 在【色彩平衡】对话框中，选中【保持明度】复选框，则可以在调整色彩时保持图像明度不变。

▽ 在【色彩平衡】选项组中，【色阶】数值框可以调整 RGB 到 CMYK 色彩模式间对应的色彩变化，其取值范围为 -100~100。用户也可以拖动数值框下方的颜色滑块，向图像中增加或减少颜色。

▽ 在【色调平衡】选项组中，可以选择【阴影】【中间调】和【高光】3 个色调调整范围。选中其中任一单选按钮后，可以对相应色调的颜色进行调整。

【例 8-6】　使用【色彩平衡】命令调整图像。👉视频

(1) 选择【文件】|【打开】命令，打开素材图像文件，按 Ctrl+J 快捷键复制【背景】图层，如图 8-33 所示。

(2) 选择【图像】|【调整】|【色彩平衡】命令，打开【色彩平衡】对话框。在该对话框中，设置中间调色阶数值为 -26、-3、11，然后单击【确定】按钮应用设置，如图 8-34 所示。

图 8-33　打开图像并复制图层

图 8-34　使用【色彩平衡】命令

8.2.3 【黑白】命令

　　【黑白】命令可将彩色图像转换为灰度图像，同时保持对各颜色的转换方式的完全控制。此外，选择该命令也可以为灰度图像着色，将单色图像转换为彩色图像。选择【图像】|【调整】|【黑白】命令，打开如图 8-35 所示的【黑白】对话框。Photoshop 会基于图像中的颜色混合执行默认的灰度转换。

图 8-35　【黑白】对话框

> **提示**
>
> 　　如果要对灰度应用色调，可选中【色调】复选框，然后调整【色相】和【饱和度】滑块。【色相】滑块可更改色调颜色，【饱和度】滑块可提高或降低颜色的集中度。单击颜色按钮，可以打开【拾色器】对话框调整色调颜色。

▽　【预设】：在该下拉列表中可以选择一个预设的调整设置项。如果要存储当前的调整设置结果为预设，可以单击该选项右侧的【预设选项】按钮，在弹出的下拉菜单中选择【存储预设】命令。

▽　颜色滑块：拖动各个颜色滑块，可以调整图像中特定颜色的灰色调。

▽　【自动】：单击该按钮，可设置基于图像的颜色值的灰度混合，并使灰度值的分布最大化。【自动】混合通常会产生极佳的效果，并可以用作使用颜色滑块调整灰度值的起点。

【例 8-7】　　使用【黑白】命令调整图像。 🎬 视频

　　(1) 选择【文件】|【打开】命令，打开素材图像文件，按 Ctrl+J 快捷键复制【背景】图层，如图 8-36 所示。

　　(2) 选择【图像】|【调整】|【黑白】命令，打开【黑白】对话框。在该对话框中，设置【红色】数值为 11%、【黄色】数值为 145%、【蓝色】数值为 135%，如图 8-37 所示。

　　(3) 在【黑白】对话框中，选中【色调】复选框，设置【色相】数值为 225°、【饱和度】数值为 20%，然后单击【确定】按钮应用调整，如图 8-38 所示。

图 8-36　打开图像并复制图层

图 8-37　使用【黑白】命令

图 8-38　改变图像色调

8.2.4　【照片滤镜】命令

选择【图像】|【调整】|【照片滤镜】命令，可以模拟通过彩色校正滤镜拍摄照片的效果。该命令允许用户选择预设的颜色或者自定义的颜色向图像应用色相调整。

【例 8-8】　使用【照片滤镜】命令调整图像。🎬视频

(1) 选择【文件】|【打开】命令，打开素材图像文件，按 Ctrl+J 快捷键复制【背景】图层，如图 8-39 所示。

(2) 选择【图像】|【调整】|【照片滤镜】命令，打开【照片滤镜】对话框。在该对话框的【滤镜】下拉列表中选择【Cyan】选项，设置【密度】为 45%，然后单击【确定】按钮，如图 8-40 所示。

图 8-39　打开图像并复制图层

图 8-40　使用【照片滤镜】命令

227

> **提示**
>
> 如果【滤镜】下拉列表中没有合适的颜色，也可以选择【颜色】单选按钮，然后单击右侧色块，打开【拾色器 (照片滤镜颜色)】对话框自定义合适的颜色，如图 8-41 所示。

图 8-41　自定义照片滤镜颜色

8.2.5　【通道混合器】命令

【通道混合器】命令可以使用图像中现有 (源) 颜色通道的混合来修改目标 (输出) 颜色通道，从而控制单个通道的颜色量。利用该命令可以创建高品质的灰度图像，或者其他色调的图像，也可以对图像进行创造性的颜色调整。选择【图像】|【调整】|【通道混合器】命令，可以打开如图 8-42 所示的【通道混合器】对话框。

> **提示**
>
> 在【通道混合器】对话框中，单击【预设】选项右侧的【预设选项】按钮，在弹出的菜单中选择【存储预设】命令，打开【存储】对话框。在该对话框中，可以将当前自定义参数设置存储为 CHA 格式文件。当重新执行【通道混合器】命令时，可以从【预设】下拉列表中选择自定义参数设置。

▽　【输出通道】：可以选择要在其中混合一个或多个现有的通道。

图 8-42　【通道混合器】对话框

▽　【源通道】选项组：用来设置输出通道中源通道所占的百分比。将一个源通道的滑块向左拖动时，可减小该通道在输出通道中所占的百分比；向右拖动时，则增加百分比。【总计】选项显示了源通道的总计值。如果合并的通道值高于 100%，Photoshop 会在【总计】选项处显示警告图标。

▽　【常数】：用于调整输出通道的灰度值。如果常数设置的是负数，会增加更多的黑色；如果常数设置的是正数，会增加更多的白色。

▽　【单色】：选中该复选框，可将彩色的图像变为无色彩的灰度图像。

【例 8-9】　使用【通道混合器】命令调整图像。　📹 视频

(1) 选择【文件】|【打开】命令，打开素材图像文件，按 Ctrl+J 快捷键复制【背景】图层，

如图 8-43 所示。

（2）选择【图像】|【调整】|【通道混合器】命令，打开【通道混合器】对话框。在该对话框中，设置【红】输出通道的【红色】数值为 126%、【绿色】数值为 -90%、【蓝色】数值为 55%、如图 8-44 所示。

图 8-43　打开图像并复制图层　　　　　　　　　图 8-44　调整红通道

（3）在【常数】数值框中输入数值为 15%，调整通道的灰度值，然后单击【确定】按钮，如图 8-45 所示。

> **提示**
>
> 选择的图像颜色模式不同，打开的【通道混合器】对话框也会略有不同。【通道混合器】命令只能用于 RGB 和 CMYK 模式的图像，并且在执行该命令之前，必须在【通道】面板中选择主通道，而不能选择分色通道。

图 8-45　设置【常数】

8.2.6　【色调分离】命令

【色调分离】命令可以通过为图像设定色调数目来减少图像的色彩数量，图像中多余的颜色会映射到最接近的匹配级别。打开一幅图像文件，选择【图像】|【调整】|【色调分离】命令，打开如图 8-46 所示的【色调分离】对话框。

图 8-46　【色调分离】对话框

在【色调分离】对话框中，可直接输入数值来定义色调分离的级数。设置的【色阶】数值越小，分离的色调越多；【色阶】数值越大，保留的图像细节越多，如图 8-47 所示。

图 8-47　设置【色阶】数值

8.2.7　【渐变映射】命令

【渐变映射】命令用于将相等的图像灰度范围映射到指定的渐变填充色中。如果指定的是双色渐变填充，图像中的阴影会映射到渐变填充的一个端点颜色，高光则映射到另一个端点颜色，而中间调则映射到两个端点颜色之间的渐变。

【例 8-10】　使用【渐变映射】命令调整图像。 📀视频

(1) 选择【文件】|【打开】命令，打开素材图像文件，按 Ctrl+J 快捷键复制【背景】图层，如图 8-48 所示。

(2) 选择【图像】|【调整】|【渐变映射】命令，打开如图 8-49 所示的【渐变映射】对话框。

图 8-48　打开图像并复制图层　　　　图 8-49　打开【渐变映射】对话框

(3) 在【渐变映射】对话框中，选中【反向】复选框。然后通过单击渐变预览，打开【渐变编辑器】对话框。在该对话框的【预设】选项中展开【红色】选项组，单击【红色_01】预设渐变样式，单击【确定】按钮，即可将该渐变颜色添加到【渐变映射】对话框中，如图 8-50 所示。

(4) 单击【渐变映射】对话框中的【确定】按钮，即可应用设置的渐变效果到图像中。渐变映射会改变图像色调的对比度。要避免出现这种情况，可以将应用【渐变映射】的图层混合模式设置为【颜色】，这样只改变图像的颜色，不会影响亮度。也可以将混合模式设置为其他选项，调整画面色调效果，如图 8-51 所示。

图 8-50　设置渐变映射样式

图 8-51　设置图层混合模式

> **提示**
>
> 　　【渐变选项】选项组中包含【仿色】和【反向】两个复选框。选中【仿色】复选框，在映射时将添加随机杂色以平滑渐变填充的外观并减少带宽效应；选中【反向】复选框时，则会将相等的图像灰度范围映射到渐变色的反方向。

8.2.8　【可选颜色】命令

　　【可选颜色】命令可以对限定颜色区域中各像素的青色、洋红、黄色、黑色四色油墨进行调整，从而在不影响其他颜色的基础上调整限定的颜色。使用【可选颜色】命令，可以有针对性地调整图像中某个颜色或校正色彩平衡等颜色问题。选择【图像】|【调整】|【可选颜色】命令，打开【可选颜色】对话框。在该对话框的【颜色】下拉列表中，可以选择所需调整的颜色。

【例 8-11】　　使用【可选颜色】命令调整图像。　🎬视频

　　(1) 选择【文件】|【打开】命令，打开素材图像文件，按 Ctrl+J 快捷键复制【背景】图层，如图 8-52 所示。

　　(2) 选择【图像】|【调整】|【可选颜色】命令，打开【可选颜色】对话框。在该对话框的【颜色】下拉列表中选择【黄色】选项，设置【青色】数值为 -100%、【洋红】数值为 0%、【黄色】数值为 100%、【黑色】数值为 100%，然后单击【确定】按钮，如图 8-53 所示。

图 8-52　打开图像并复制图层

图 8-53　使用【可选颜色】命令

> **提示**
>
> 　　【可选颜色】对话框中的【方法】选项用来设置颜色的调整方式。选中【相对】单选按钮，可按照总量的百分比修改现有的青色、洋红、黄色或黑色的含量；选中【绝对】单选按钮，则采用绝对值调整颜色。

8.2.9　【匹配颜色】命令

　　【匹配颜色】命令可以将一个图像（源图像）的颜色与另一个图像（目标图像）中的颜色相匹配，它比较适合使多个图像的颜色保持一致。此外，该命令还可以匹配多个图层和选区之间的颜色。

　　选择【图像】|【调整】|【匹配颜色】命令，打开如图 8-54 所示的【匹配颜色】对话框。在【匹配颜色】对话框中，可以对其参数进行设置，使用两幅图像进行匹配颜色操作后，可以产生不同的视觉效果。【匹配颜色】对话框中主要选项的作用如下。

图 8-54　【匹配颜色】对话框

> **提示**
>
> 　　单击【载入统计数据】按钮，可以载入已存储的设置；单击【存储统计数据】按钮，可以将当前的设置进行保存。使用载入的统计数据时，无须在 Photoshop 中打开源图像就可以完成匹配目标图像的操作。

▽ 【明亮度】：拖动此选项下方的滑块可以调节图像的亮度，设置的数值越大，得到的图像亮度越亮，反之则越暗。

▽ 【颜色强度】：拖动此选项下方的滑块可以调节图像的颜色饱和度，设置的数值越大，得到的图像所匹配的颜色饱和度越大。

▽ 【渐隐】：拖动此选项下方的滑块可以设置匹配后图像和原图像的颜色相近程度，设置的数值越大，得到的图像效果越接近颜色匹配前的效果。

▽ 【中和】：选中此复选框，可以自动去除目标图像中的色痕。

▽ 【源】：在此下拉列表中可以选取要将其颜色与目标图像中的颜色相匹配的源图像。

▽ 【图层】：在此下拉列表中可以从要匹配其颜色的源图像中选取图层。

【例 8-12】　使用【匹配颜色】命令调整图像。　视频

(1) 在 Photoshop 中，选择【文件】|【打开】命令，打开两个图像文件，并选中 1.jpg 图像文件，如图 8-55 所示。

图 8-55　打开图像文件

(2) 选择【图像】|【调整】|【匹配颜色】命令，打开【匹配颜色】对话框。在该对话框的【图像统计】选项组的【源】下拉列表中选择 2.jpg 图像文件，如图 8-56 所示。

图 8-56　选择【源】文件

(3) 在【图像选项】区域中，选中【中和】复选框，设置【明亮度】数值为 50、【颜色强度】数值为 150、【渐隐】数值为 10，如图 8-57 所示，然后单击【确定】按钮。

图 8-57　设置【图像选项】

8.2.10　【替换颜色】命令

使用【替换颜色】命令，可以创建临时性的蒙版，以选择图像中的特定颜色，然后替换颜色；也可以设置选定区域的色相、饱和度和亮度，或者使用拾色器来选择替换颜色。

【例 8-13】 使用【替换颜色】命令调整图像。 🎬 视频

(1) 选择【文件】|【打开】命令，打开素材图像文件，按 Ctrl+J 快捷键复制【背景】图层。选择【图像】|【调整】|【替换颜色】命令，打开【替换颜色】对话框，如图 8-58 所示。

图 8-58　打开【替换颜色】对话框

(2) 在该对话框中，选择【吸管】工具，将光标移动到需要替换颜色的位置单击拾取颜色，此时缩览图中白色的区域代表被选中 (也就是会被替换的部分)。在拾取颜色时，可以配合容差值进行调整，设置【颜色容差】数值为 100，如图 8-59 所示。

图 8-59　吸取颜色

(3) 如果有未选中的区域，单击【替换颜色】对话框中的【添加到取样】按钮，在需要替换颜色的区域单击，如图 8-60 所示。

(4) 在【替换颜色】对话框中，设置【色相】数值为 115、【饱和度】数值为 11、【明度】数值为 -5，然后单击【确定】按钮应用设置，如图 8-61 所示。

图 8-60　添加取样区域

图 8-61　替换颜色

8.3 使用调整图层调色

【调整】命令是直接作用于原图层的，而调整图层则是通过创建以【色阶】【色彩平衡】【曲线】等调整命令功能为基础的图层，单独对其下方图层中的图像进行调整处理，并且不会破坏其下方的原图像文件。

【例 8-14】 使用调整图层调色。 视频

(1) 选择【文件】|【打开】命令，打开素材图像文件。选择【图层】|【新建调整图层】命令，在其子菜单中选择所需的调整命令。或在【调整】面板中单击命令图标，即可创建调整图层，如图 8-62 所示。

图 8-62 创建调整图层

(2) 在【属性】面板中会显示当前调整图层的参数设置，调整参数即可改变画面颜色。如果没有显示【属性】面板，双击该调整图层的缩览图，即可显示【属性】面板。设置【色相】数值为 -15，【饱和度】数值为 30，如图 8-63 所示。

(3) 在【图层】面板中，可以看到调整图层自动带有一个图层蒙版。在调整图层蒙版中可以使用黑色、白色、灰色来控制受影响的区域，如图 8-64 所示。

图 8-63 设置属性　　　　　　　　　图 8-64 调整图层蒙版

8.4 实例演练

本章的实例演练为制作红色主题 Banner，用户通过练习从而巩固本章所学知识。

【例 8-15】 制作红色主题 Banner 视频

(1) 选择【文件】|【新建】命令，打开【新建文档】对话框。在对话框中，设置【宽

度】为 1024 像素，【高度】为 724 像素，【分辨率】为 300 像素/英寸，然后单击【创建】
按钮新建文档，如图 8-65 所示。

(2) 在【颜色】面板中，设置前景色为 R:142 G:10 B:18，然后按 Alt+Delete 键使用前
景色填充背景图层，如图 8-66 所示。

图 8-65　新建文档　　　　　　　　　图 8-66　填充背景图层

(3) 选择【矩形】工具，在选项栏中选择工具模式为【形状】，设置【填充】为 R:142
G:10 B:18，【描边】为无，然后在画板中绘制矩形。按 Ctrl+T 键应用【自由变换】命令，
调整矩形的位置及角度，如图 8-67 所示。

(4) 在【图层】面板中，按 Ctrl 键单击【矩形 1】图层缩览图，载入选区，如图 8-68 所示。

图 8-67　创建图形　　　　　　　　　图 8-68　载入选区

(5) 按 Ctrl+Shift+I 快捷键，反选选区。在【图层】面板中，按 Ctrl 键单击【创建新图
层】按钮，在【矩形 1】图层下方新建【图层 1】图层，如图 8-69 所示。

(6) 将前景色设置为黑色，选择【画笔】工具，在选项栏中设置画笔样式为柔边圆 175
像素，【不透明度】为 10%，然后使用【画笔】工具在选区内涂抹，如图 8-70 所示。

图 8-69　创建新图层　　　　　　　　图 8-70　使用【画笔】工具

(7) 选择【文件】|【置入嵌入对象】命令，置入所需的素材图像文件。在【图层】面板中，双击刚置入的素材图像图层，打开【图层样式】对话框。在对话框中选中【投影】选项，设置【混合模式】为【正常】，【不透明度】为 40%，【距离】为 25 像素，【扩展】为 4%，【大小】为 40 像素，然后单击【确定】按钮，如图 8-71 所示。

图 8-71　置入图像并应用图层样式

(8) 在【调整】面板中，单击【创建新的色阶调整图层】按钮，新建【色阶 1】图层。在【属性】面板中，设置输入色阶为 1、0.66、255。然后在【图层】面板中，右击刚创建的【色阶 1】图层，在弹出的快捷菜单中选择【创建剪贴蒙版】命令，创建剪贴蒙版，如图 8-72 所示。

图 8-72　创建【色阶】调整图层和剪贴蒙版

(9) 在【调整】面板中，单击【创建新的可选颜色调整图层】按钮，新建【选取颜色 1】图层。在【属性】面板中，设置【颜色】为【红色】，设置其下方区域中的【黑色】为 49%。然后在【图层】面板中右击刚创建的【选取颜色 1】图层，在弹出的快捷菜单中选择【创建剪贴蒙版】命令，创建剪贴蒙版，如图 8-73 所示。

图 8-73　创建【可选颜色】调整图层和剪贴蒙版

(10) 在【调整】面板中，单击【创建新的色相/饱和度调整图层】按钮，新建【色相/饱和度1】图层。在【属性】面板中，选择【洋红】颜色通道，设置【色相】为38，【饱和度】为33，【明度】为-24。然后在【图层】面板中右击刚创建的【色相/饱和度1】图层，在弹出的快捷菜单中选择【创建剪贴蒙版】命令，创建剪贴蒙版，如图8-74所示。

图 8-74　创建【色相/饱和度】调整图层和剪贴蒙版

(11) 选择【文件】|【置入嵌入对象】命令，置入所需的素材图像文件。在【图层】面板中，双击刚置入的素材图像图层，打开【图层样式】对话框。在对话框中选中【投影】选项，设置【混合模式】为【正常】，【不透明度】为30%，【距离】为24像素，【扩展】为4%，【大小】为40像素，然后单击【确定】按钮，如图8-75所示。

图 8-75　置入图像并应用图层样式

(12) 在【调整】面板中，单击【创建新的色相/饱和度调整图层】按钮，新建【色相/饱和度2】图层。在【属性】面板中，选择【全图】颜色通道，设置【色相】为135。然后在【图层】面板中，右击刚创建的【色相/饱和度2】图层，在弹出的快捷菜单中选择【创建剪贴蒙版】命令，创建剪贴蒙版，如图8-76所示。

图 8-76　创建【色相/饱和度】调整图层和剪贴蒙版

(13) 在【调整】面板中，单击【创建新的可选颜色调整图层】按钮，新建【选取颜色2】图层。在【属性】面板中，设置【颜色】为【红色】，设置其下方区域中的【黑色】为 38%。然后在【图层】面板中，右击刚创建的【选取颜色 2】图层，在弹出的快捷菜单中选择【创建剪贴蒙版】命令，创建剪贴蒙版，如图 8-77 所示。

图 8-77　创建【可选颜色】调整图层和剪贴蒙版

(14) 使用【横排文字】工具在画板中单击，在【字符】面板中设置字体系列为 Palatino Linotype，字体大小为 9 点，字符间距为 50，字体颜色为 R:255 G:221 B:193，然后输入文字内容。输入结束后，按 Ctrl+Enter 快捷键确认，结果如图 8-78 所示。

(15) 继续使用【横排文字】工具在画板中单击，在【字符】面板中设置字体大小为 16 点，字符间距为 -20，然后输入文字内容。输入结束后，按 Ctrl+Enter 快捷键确认，结果如图 8-79 所示。

图 8-78　输入文字(一)　　　　　　图 8-79　输入文字(二)

(16) 继续使用【横排文字】工具在画板中单击并输入文字内容。输入结束后，按 Ctrl+Enter 快捷键确认。然后在【字符】面板中，更改字体系列为 Myriad Pro，字体大小为 54 点，如图 8-80 所示。

(17) 在【图层】面板中，双击刚创建的文字图层，打开【图层样式】对话框。在对话框中选中【渐变叠加】选项，设置【混合模式】为【正常】，【不透明度】为 100%，设置【渐变】为 R:52 G:31 B:0 至 R:255 G:223 B:177 至 R:52 G:31 B:0，【角度】为 26 度，【缩放】为 120%，如图 8-81 所示。

(18) 在【图层样式】对话框中选中【投影】选项，设置【混合模式】为【正片叠底】，【不透明度】为 65%，【角度】为 131 度，【距离】为 30 像素，【大小】为 25 像素，然后单击【确定】按钮应用图层样式，完成如图 8-82 所示的效果制作。

图 8-80　输入文字(三)

图 8-81　添加【渐变叠加】样式

图 8-82　添加【投影】样式

8.5　习题

1. 什么是中性色？
2. 曲线命令与色阶命令有哪些相同点？
3. 打开两个图像文件，制作如图 8-83 所示的图像效果。
4. 使用调色命令，制作如图 8-84 所示的图像效果。

图 8-83　图像效果(一)　　　　图 8-84　图像效果(二)

第 9 章
文字工具的应用

文字在设计的作品中起着说明的作用。Photoshop 为用户提供了便捷的文字输入、编辑功能。本章介绍创建文字、设置文字属性等内容，使用户在设计作品的过程中更加轻松自如地应用文字。

➡ 本章重点

- ● 文字的输入
- ● 设置字符属性
- ● 设置段落属性
- ● 创建变形文字

➡ 二维码教学视频

【例 9-1】 创建点文本
【例 9-2】 创建段落文本
【例 9-3】 使用文字蒙版工具
【例 9-4】 创建变形文字
【例 9-5】 将文字转换为形状
【例 9-6】 制作 H5 广告

9.1 文字的输入

Photoshop 采用了与 Illustrator 相同的文字创建方法，包括可以创建横向或纵向自由扩展的文字、使用矩形框限定范围输入的一段或多段文字，以及在矢量图形内部或路径上方输入的文字。在将文字栅格化以前，Photoshop 会保留基于矢量的文字轮廓，用户可以任意缩放文字或调整文字大小。

9.1.1 文字工具

Photoshop 提供了 4 种创建文字的工具，即【横排文字】工具、【直排文字】工具、【直排文字蒙版】工具和【横排文字蒙版】工具，如图 9-1 所示。

图 9-1　文字工具

💡 提示

文字选区可以像任何其他选区一样被移动、复制、填充或描边。

【横排文字】工具和【直排文字】工具主要用来创建点文字、段落文字和路径文字。【横排文字蒙版】工具和【直排文字蒙版】工具主要用来创建文字选区。

在使用文字工具输入文字之前，用户需要在选项栏或【字符】面板中设置字符的属性，包括字体、大小、文字颜色等。

选择文字工具后，可以在如图 9-2 所示的选项栏中设置字体的系列、样式、大小、颜色和对齐方式等。

图 9-2　文字工具选项栏

▽ 【切换文本方向】按钮：如果当前文字为横排文字，单击该按钮，可将其转换为直排文字；如果是直排文字，则可将其转换为横排文字。

▽ 【设置字体系列】：在该下拉列表中可以选择字体，如图 9-3 所示。

▽ 【设置字体样式】：用来为字符设置样式，包括 Regular(规则的)、Italic(斜体)、Bold(粗体)、Bold Italic(粗斜体)。该设置只对英文字体有效，如图 9-4 所示。

图 9-3　设置字体系列　　　　　图 9-4　设置字体系列

▽ 【设置字体大小】：可以选择字体的大小，或直接输入数值进行设置，如图 9-5 所示。

▽ 【设置取消锯齿的方法】：可为文字选择消除锯齿的方法，Photoshop 通过填充边缘像素来产生边缘平滑的文字。包括【无】【锐利】【犀利】【浑厚】【平滑】、Windows LCD 和 Windows 这 7 种选项供用户选择，如图 9-6 所示。

图 9-5　设置字体大小　　　　　　　　　图 9-6　设置取消锯齿的方法

▽ 【设置文本对齐】：在该选项中，可以设置文本对齐的方式，包括【左对齐文本】按钮▤、【居中对齐文本】按钮▤ 和【右对齐文本】按钮▤。

▽ 【设置文本颜色】：单击该按钮，可以打开【拾色器 (文本颜色)】对话框，设置文字的颜色。默认情况下，使用前景色作为创建的文字颜色。

▽ 【创建文字变形】按钮▣：单击该按钮，可以打开【变形文字】对话框。通过该对话框，用户可以设置文字的多种变形样式。

▽ 【切换字符和段落面板】按钮▤：单击该按钮，可以打开或隐藏【字符】面板和【段落】面板。

9.1.2　创建点文本和段落文本

点文本是一个水平或垂直的文本行，每行文字都是独立的，如图 9-7 所示。行的长度随着文字的输入而不断增加，不会进行自动换行，需要手动按 Enter 键换行。在处理标题等字数较少的文字时，可以通过点文本来完成。

段落文本是在文本框内输入的文本，它具有自动换行、可以调整文字区域大小等功能，如图 9-8 所示。在需要处理文字量较大的文本时，可以使用段落文本来完成。如果文本框不能显示全部文字内容时，其右下角的控制点会变为▦形状。

图 9-7　点文本　　　　　　　　　　　图 9-8　段落文本

【例 9-1】　创建点文本。📹 视频

(1) 选择【文件】|【打开】命令，打开素材图像。选择【横排文字】工具，在其选项栏中打开【设置字体系列】下拉列表，选择"方正粗倩简体"；在【设置字体大小】文本框中输入 90 点；单击【设置文本颜色】色块，在弹出的【拾色器 (文本颜色)】对话框中，设置颜色为 R:234 G:95 B:111。然后使用【横排文字】工具在图像中单击插入 Lorem-ipsum 占位符文本，如图 9-9 所示。

图 9-9　设置文字工具

(2) 使用【横排文字】工具输入文字内容，输入完成后，使用【移动】工具调整其位置，如图 9-10 所示。

(3) 在【图层】面板中双击文字图层，打开【图层样式】对话框。在该对话框中选中【描边】选项，并设置【大小】为 7 像素，在【位置】下拉列表中选择【外部】选项，在【混合模式】下拉列表中选择【正常】选项，设置【不透明度】数值为 100%、【颜色】为白色，如图 9-11 所示。

图 9-10　输入文字并调整位置

图 9-11　添加【描边】样式

(4) 在【图层样式】对话框中选中【投影】选项，设置投影【颜色】为 R:255 G:94 B:94，【角度】为 135 度，【距离】为 30 像素，【大小】为 35 像素，然后单击【确定】按钮，如图 9-12 所示。

图 9-12　添加【投影】样式

【例 9-2】 创建段落文本。 🎬视频

(1) 选择【文件】|【打开】命令，打开如图 9-13 所示的素材图像。

(2) 选择【横排文字】工具，在图像中单击并拖动鼠标创建文本框，如图 9-14 所示。

图 9-13 打开图像文件

图 9-14 创建文本框

在单击并拖动鼠标创建文本框时，如果同时按住 Alt 键，会弹出如图 9-15 所示的【段落文字大小】对话框。在该对话框中输入【宽度】和【高度】数值，可以精确地定义文本框大小。

图 9-15 【段落文字大小】对话框

(3) 在选项栏中单击【切换字符和段落面板】按钮，打开【字符】面板，在【设置字体系列】下拉列表中选择"方正仿宋简体"；在【设置字体大小】文本框中输入 48 点；在【设置行距】文本框中输入 85 点；在【设置所选字符的字距调整】文本框中输入 50；单击【颜色】色块，在弹出的【拾色器】对话框中，设置颜色为 R:148 G:117 B:11。然后使用【横排文字】工具在文本框中输入文字内容，如图 9-16 所示。

(4) 打开【段落】面板，单击【居中对齐文本】按钮，如图 9-17 所示。

图 9-16 设置文本格式并输入文字

图 9-17 对齐文本

💊 提示

点文本和段落文本可以互相转换。如果是点文本，可选择【文字】|【转换为段落文本】命令，将其转换为段落文本；如果是段落文本，可选择【文字】|【转换为点文本】命令，将其转换为点文本。将段落文本转换为点文本时，所有溢出定界框的字符都会被删除。因此，为了避免丢失文字，应首先调整定界框，使所有文字在转换前都显示出来。

9.1.3　创建文字选区

【横排文字蒙版】工具和【直排文字蒙版】工具用于创建文字形状选区。选择其中的一个工具，在画面中单击，然后输入文字即可创建文字形状选区。文字形状选区可以像任何其他选区一样被移动、复制、填充或描边。

☞【例9-3】　使用文字蒙版工具为图像添加文字效果。 📹视频

(1) 选择【文件】|【打开】命令，打开素材图像，如图9-18所示。

(2) 选择【横排文字蒙版】工具，在选项栏中设置字体系列为"方正粗倩简体"，字体大小为68点，单击【居中对齐文本】按钮，然后使用【横排文字蒙版】工具在图像中单击并输入文字内容，如图9-19所示。输入结束后，按Ctrl+Enter快捷键确认。

图9-18　打开图像文件　　　　　　图9-19　使用【横排文字蒙版】工具

(3) 选择【文件】|【打开】命令，打开素材图像，按Ctrl+A快捷键全选图像，并按Ctrl+C快捷键复制图像，如图9-20所示。

(4) 返回步骤(1)打开的图像，选择【编辑】|【选择性粘贴】|【贴入】命令，并按Ctrl+T快捷键应用【自由变换】命令调整贴入图像的效果，如图9-21所示。调整完成后，按Ctrl+Enter快捷键确认。

图9-20　复制图像　　　　　　　图9-21　贴入图像

9.1.4　创建路径文字

路径文字是指创建在路径上的文字，文字会沿着路径排列。改变路径形状时，文字的排列方式也会随之改变。在Photoshop中可以添加两种路径文字，一种是沿路径排列的文字，一种是路径内部的文字。

1. 输入路径文字

要想沿路径创建文字，需要先在图像中创建路径，然后选择文字工具，将光标放置在路径上，当其显示为 ⊥ 时单击，即可在路径上显示文字插入点，从而可以沿路径创建文字，如图 9-22 所示。

图 9-22　沿路径输入文字

要想在路径内创建路径文字，需要先在图像文件窗口中创建闭合路径，然后选择工具面板中的文字工具，移动光标至闭合路径中，当光标显示为 ⓘ 时单击，即可在路径区域中显示文字插入点，从而可以在路径闭合区域中创建文字内容，如图 9-23 所示。

图 9-23　在路径内输入文字

2. 编辑文字路径

创建路径文字后，【路径】面板中会有两个一样的路径层，其中一个是原始路径，另一个是基于它生成的文字路径，如图 9-24 所示。只有选择路径文字所在的图层时，文字路径才会出现在【路径】面板中。使用【直接选择】工具单击文字路径，可以移动路径上的锚点或调整方向线，以调整路径的形状，文字会沿修改后的路径重新排列，如图 9-25 所示。

图 9-24　文字路径层　　　　　　　　图 9-25　调整文字路径

3. 调整路径上文字的位置

要调整所创建文字在路径上的位置，可以在工具面板中选择【直接选择】工具或【路径选择】工具，再移动光标至文字上，当其显示为▶或◀时按下鼠标，沿着路径方向拖动文字即可；在拖动文字的过程中，还可以拖动文字至路径的内侧或外侧，如图 9-26 所示。

图 9-26　调整路径上文字的位置

> **提示**
>
> 在使用 Photoshop 制作包含大量文字的版面时，通常需要对版面中内容的摆放位置以及所占区域进行规划。此时利用【占位符】功能可以快速输入文字，填充文本框。在设置好文本属性后，在修改时只需删除占位符文本，并重新贴入需要使用的文字即可。
>
> 【粘贴 Lorem Ipsum】常用于段落文本中。使用文字工具绘制一个文本框，然后选择【文字】|【粘贴 Lorem Ipsum】命令，文本框即可快速被字符填满。如果使用文字工具在画面中单击，选择【文字】|【粘贴 Lorem Ipsum】命令，会自动沿水平或垂直方向添加占位符。
>
> 如果要关闭占位符，可以按 Ctrl+K 快捷键打开【首选项】对话框，在【文字】选项组中，取消选中【使用占位符文本填充新文字图层】复选框，即可关闭占位符的显示。

9.2　设置字符属性

字符是指文本中的文字内容，包括每一个汉字、英文字母、数字、标点和符号等，字符属性就是与它们有关的字体、大小、颜色、字符间距等属性。在 Photoshop 中创建文本对象后，可以在工具选项栏中进行设置，也可以在【字符】面板中设置更多选项。

【字符】面板用于设置文字的基本属性，如设置文字的字体、字号、字符间距及文字颜色等。选择任意一个文字工具，单击选项栏中的【切换字符和段落面板】按钮，或者选择【窗口】|【字符】命令都可以打开如图 9-27 所示的【字符】面板，通过设置面板选项即可调整文字属性。

图 9-27　【字符】面板

▽ 【设置字体系列】下拉列表：该下拉列表用于设置文字的字体样式，如图 9-28 所示。

(a) 方正粗圆简体

(b) 方正启体简体

图 9-28　设置字体系列

▽【设置字体大小】下拉列表: 该下拉列表用于设置文字的字符大小, 如图 9-29 所示。

(a) 字体大小: 24 点　　　　　(b) 字体大小: 36 点

图 9-29　设置字体大小

▽【设置行距】下拉列表: 该下拉列表用于设置文本对象中两行文字之间的间隔距离, 如图 9-30 所示。设置【设置行距】选项的数值时, 用户可以通过其下拉列表框选择预设的数值, 也可以在文本框中自定义数值, 还可以选择下拉列表框中的【自动】选项, 根据创建文本对象的字体大小自动设置适当的行距数值。

(a) 行距: 36 点　　　　　(b) 行距: 72 点

图 9-30　设置行距

▽【设置两个字符之间的字距微调】选项: 该选项用于微调光标位置前文字本身的间距, 如图 9-31 所示。与【设置所选字符的字距调整】选项不同的是, 该选项只能设置光标位置前的文字字距。用户可以在其下拉列表框中选择 Photoshop 预设的参数数值, 也可以在其文本框中直接输入所需的参数数值。需要注意的是, 该选项只能在没有选择文字的情况下为可设置状态。

(a) 字距微调: 0　　　　　(b) 字距微调: -500

图 9-31　设置两个字符之间的字距微调

▽【设置所选字符的字距调整】选项: 该选项用于设置所选字符之间的距离, 如图 9-32 所示。用户可以在其下拉列表框中选择 Photoshop 预设的参数数值, 也可以在其文本框中直接输入所需的参数数值。

(a) 字距调整：-300　　　　(b) 字距调整：200

图 9-32　设置所选字符的字距调整

提示

　　文字的默认度量单位为【点】，也可以使用【像素】和【毫米】作为度量单位。选择【编辑】|【首选项】|【单位与标尺】命令，打开【首选项】对话框。在【单位】选项组中，可以设置【文字】选项的单位，如图 9-33 所示。

图 9-33　设置文字单位

▽　【设置所选字符的比例间距】选项：该选项用于设置文字字符间的比例间距，数值越大，字距越小，如图 9-34 所示。

▽　【垂直缩放】文本框和【水平缩放】文本框：这两个文本框用于设置文字的垂直和水平缩放比例，如图 9-35 所示。

(a) 比例间距：10%　　　　(b) 比例间距：60%

图 9-34　设置所选字符的比例间距

▽　【设置基线偏移】文本框：该文本框用于设置选择文字的向上或向下偏移数值，如图 9-36 所示。设置该选项参数后，不会影响整体文本对象的排列方向。

(a) 垂直缩放：150%　　　(b) 水平缩放：150%　　　　　(a) 基线偏移：30　　　　(b) 基线偏移：-30

图 9-35　设置垂直、水平缩放　　　　　　　　　图 9-36　设置基线偏移

▽　【字符样式】选项组：在该选项组中，通过单击不同的文字样式按钮，可以设置文字为仿粗体、仿斜体、全部大写字母、小型大写字母、上标、下标、下画线、删除线等样式的文字，如图 9-37 所示。

| (a) 仿斜体 | (b) 全部大写字母 | (c) 下画线 | (d) 删除线 |

图 9-37　设置字符样式

9.3　设置段落属性

　　【段落】面板用于设置段落文本的编排方式，如设置段落文本的对齐方式、缩进值等。单击选项栏中的【显示 / 隐藏字符和段落面板】按钮，或者选择【窗口】|【段落】命令，都可以打开如图 9-38 所示的【段落】面板，通过设置选项即可设置段落文本属性。

图 9-38　【段落】面板

▽　【左对齐文本】按钮▇：单击该按钮，创建的文字会以整个文本对象的左边为界，强制进行左对齐，如图 9-39 所示。【左对齐文本】按钮为段落文本的默认对齐方式。

▽　【居中对齐文本】按钮▇：单击该按钮，创建的文字会以整个文本对象的中心线为界，强制进行文本居中对齐，如图 9-40 所示。

▽　【右对齐文本】按钮▇：单击该按钮，创建的文字会以整个文本对象的右边为界，强制进行文本右对齐，如图 9-41 所示。

　　图 9-39　左对齐文本　　　　　图 9-40　居中对齐文本　　　　图 9-41　右对齐文本

▽　【最后一行左对齐】按钮▇：单击该按钮，段落文本中的文本对象会以整个文本对象的左右两边为界强制对齐，同时将处于段落文本最后一行的文本以其左边为界进行强制左对齐，如图 9-42 所示。该按钮为段落对齐时较常使用的对齐方式。

▽　【最后一行居中对齐】按钮▇：单击该按钮，段落文本中的文本对象会以整个文本对象的左右两边为界强制对齐，同时将处于段落文本最后一行的文本以其中心线为界进行强制居中对齐，如图 9-43 所示。

▽ 【最后一行右对齐】按钮▤：单击该按钮，段落文本中的文本对象会以整个文本对象的左右两边为界强制对齐，同时将处于段落文本最后一行的文本以其右边为界进行强制右对齐，如图 9-44 所示。

图 9-42　最后一行左对齐　　　图 9-43　最后一行居中对齐　　　图 9-44　最后一行右对齐

▽ 【全部对齐】按钮▤：单击该按钮，段落文本中的文本对象会以整个文本对象的左右两边为界，强制对齐段落中的所有文本对象，如图 9-45 所示。

▽ 【左缩进】文本框▦：用于设置段落文本中，每行文本两端与文字定界框左边界向右的间隔距离，或上边界（对于直排格式的文字）向下的间隔距离，如图 9-46 所示。

▽ 【右缩进】文本框▦：用于设置段落文本中，每行文本两端与文字定界框右边界向左的间隔距离，或下边界（对于直排格式的文字）向上的间隔距离，如图 9-47 所示。

图 9-45　全部对齐　　　　　　图 9-46　　左缩进　　　　　　图 9-47　右缩进

▽ 【首行缩进】文本框▦：用于设置段落文本中，第一行文本与文字定界框左边界向右，或上边界（对于直排格式的文字）向下的间隔距离，如图 9-48 所示。

▽ 【段前添加空格】文本框▦：该文本框用于设置当前段落与其前面段落的间隔距离，如图 9-49 所示。

▽ 【段后添加空格】文本框▦：该文本框用于设置当前段落与其后面段落的间隔距离，如图 9-50 所示。

▽ 【避头尾法则设置】下拉列表：不能出现在一行的开头或结尾的字符称为避头尾字符。【避头尾法则设置】用于指定亚洲文本的换行方式。

▽ 【间距组合设置】下拉列表：用于为文本编排指定预定义的间距组合。

▽ 【连字】复选框：选中该复选框，会在输入英文单词的过程中，根据文字定界框在自动换行时添加连字符。

图 9-48　首行缩进　　　　图 9-49　段前添加空格　　　　图 9-50　段后添加空格

9.4　创建变形文字

在 Photoshop 中，可以对文字对象进行变形操作。通过变形操作可以在不栅格化文字图层的情况下，制作出更多的文字变形样式。

9.4.1　使用预设变形样式

输入文字对象后，单击选项栏中的【创建文字变形】按钮，可以打开如图 9-51 所示的【变形文字】对话框。在该对话框中的【样式】下拉列表中选择一种变形样式，即可设置文字的变形效果。

- ▽ 【样式】：在此下拉列表中可以选择一个变形样式，如图 9-52 所示。
- ▽ 【水平】和【垂直】单选按钮：选中【水平】单选按钮，可以将变形效果设置为水平方向；选中【垂直】单选按钮，可以将变形效果设置为垂直方向。
- ▽ 【弯曲】：可以调整对图层应用的变形程度。
- ▽ 【水平扭曲】和【垂直扭曲】：拖动【水平扭曲】和【垂直扭曲】的滑块，或输入数值，可以变形应用透视。

图 9-51　【变形文字】对话框　　　　图 9-52　【样式】下拉列表

【例 9-4】　在图像文件中创建变形文字。　视频

(1) 选择【文件】|【打开】命令，打开素材图像。选择【横排文字】工具，在【字符】面板中设置字体系列为【方正大黑简体】、字体大小为 90 点、行距数值为 100 点。然后

使用【横排文字】工具在图像上单击并输入文字内容，输入结束后按 Ctrl+Enter 快捷键，效果如图 9-53 所示。

(2) 在选项栏中单击【创建文字变形】按钮，打开【变形文字】对话框。在该对话框中的【样式】下拉列表中选择【扇形】选项，选中【垂直】单选按钮，设置【弯曲】数值为 0%、【水平扭曲】数值为 25%、【垂直扭曲】数值为 0%，然后单击【确定】按钮，如图 9-54 所示。

图 9-53 输入文字   图 9-54 变形文字

> **提示**
>
>   文本在没有将其栅格化或者转换为形状前，可以随时重置与取消变形。选择文字工具，单击选项栏中的【创建文字变形】按钮，或选择【文字】|【文字变形】命令，可以打开【变形文字】对话框，修改变形参数，或在【样式】下拉列表中选择另一种样式，即可重置文字变形。要取消文字变形，在【变形文字】对话框的【样式】下拉列表中选择【无】选项，然后单击【确定】按钮，即可将文字恢复为变形前的状态。

(3) 按 Ctrl+T 快捷键，应用【自由变换】命令调整文字位置。然后在【图层】面板中双击文字图层，打开【图层样式】对话框。在该对话框中选中【渐变叠加】选项，设置【混合模式】为【正常】，【不透明度】数值为 100%，设置渐变颜色为 R:234 G:234 B:234 至 R:255 G:255 B:255，【缩放】数值为 150%，如图 9-55 所示。

图 9-55 添加【渐变叠加】样式

(4) 在【图层样式】对话框中选中【投影】选项，设置【角度】为 135 度，【距离】为 8 像素，【大小】为 5 像素，然后单击【确定】按钮应用图层样式，如图 9-56 所示。

图 9-56　添加【投影】样式

提示

在 Photoshop 中，不能对文字对象使用描绘工具或【滤镜】菜单中的命令等。要想使用这些工具和命令，必须先栅格化文字对象。在【图层】面板中选择所需操作的文本图层，然后选择【图层】|【栅格化】|【文字】命令，即可转换文本图层为普通图层。用户也可在【图层】面板中所需操作的文本图层上右击，在打开的快捷菜单中选择【栅格化文字】命令，如图 9-57 所示。

图 9-57　栅格化文字

9.4.2　将文字转换为形状

在 Photoshop 中，将文字转换为形状后，用户可以借助矢量工具让文字产生更加丰富的变形效果，还可以用单色、渐变或图案进行填充，以及进行描边设置。要将文字转换为形状，在【图层】面板中所需操作的文字图层上右击，在弹出的快捷菜单中选择【转换为形状】命令，或选择菜单栏中的【文字】|【转换为形状】命令。将文字图层转换为形状图层后，用户可以使用路径选择工具对文字效果进行调节，创建自己喜欢的形状。

【例 9-5】　在图像文件中，将文字转换为形状。（视频）

(1) 选择【文件】|【打开】命令，打开素材图像。选择【横排文字】工具，在选项栏中设置字体系列为【方正琥珀简体】，字体大小为 90 点，然后使用【横排文字】工具在图像中单击并输入文字内容，输入结束后按 Ctrl+Enter 快捷键，效果如图 9-58 所示。

(2) 在【图层】面板中，右击文字图层，在弹出的快捷菜单中选择【转换为形状】命令。选择【路径选择】工具，并结合应用【自由变换】命令调整文字效果，如图 9-59 所示。

(3) 在【样式】面板菜单中选择【导入样式】命令，打开【载入】对话框。在该对话框中选中【发光立体字】样式库，然后单击【载入】按钮，如图 9-60 所示。

图 9-58　输入文字

图 9-59　将文字转换为形状

图 9-60　载入样式

> **提示**
>
> 选择一个文字图层，选择【文字】|【创建工作路径】命令，或在文字图层上右击鼠标，在弹出的快捷菜单中选择【创建工作路径】命令，可以基于文字创建工作路径，原文字属性保持不变。生成的工作路径可以应用填充和描边，或者通过调整锚点得到变形文字。

(4) 在【样式】面板中单击载入的图层样式，如图 9-61 所示。

(5) 选择【图层】|【图层样式】|【缩放效果】命令，打开【缩放图层效果】对话框。在该对话框中设置【缩放】数值为 30%，然后单击【确定】按钮，如图 9-62 所示。

图 9-61　应用样式

图 9-62　缩放图层效果

9.5　实例演练

本章的实例演练为制作 H5 广告，用户通过练习从而巩固本章所学知识。

【例 9-6】 制作 H5 广告。 视频

(1) 选择【文件】|【新建】命令，打开【新建文档】对话框。在对话框中，设置【宽度】为 1024 像素，【高度】为 1535 像素，【分辨率】为 300 像素 / 英寸，然后单击【创建】按

钮，如图 9-63 所示。

(2) 选择【文件】|【置入嵌入对象】命令，置入所需的背景素材图像文件，并调整其位置及大小，如图 9-64 所示。

图 9-63 新建文档　　　　图 9-64 置入图像

(3) 使用【横排文字】工具在画板中单击，在【字符】面板中设置字体系列为【方正尚酷简体】，字体大小为 45 点，行距为 55 点，字体颜色为白色，然后输入文字内容，如图 9-65 所示。

(4) 按 Ctrl+T 快捷键应用【自由变换】命令，显示定界框。然后在选项栏中，设置 H 为 -9 度，V 为 -5 度，如图 9-66 所示。

图 9-65 输入文字　　　　图 9-66 变换文字

(5) 在【图层】面板中，按 Ctrl+J 快捷键复制刚创建的文字图层。右击复制的文字图层，在弹出的快捷菜单中选择【转换为形状】命令。然后使用【直接选择】工具调整文字形状，如图 9-67 所示。

图 9-67 调整文字形状

(6) 在【图层】面板中，按Ctrl键单击文字形状图层缩览图载入选区，再按Ctrl键单击【创建新图层】按钮新建【图层1】，如图9-68所示。

图9-68 载入选区并新建图层

(7) 选择【编辑】|【描边】命令，打开【描边】对话框。在对话框中，设置【宽度】为2像素，颜色为R:255 G:0 B:255，选中【居外】单选按钮，然后单击【确定】按钮描边选区。按Ctrl+D快捷键取消选区，并按Ctrl+T快捷键应用【自由变换】命令，调整描边文字的大小及形状，如图9-69所示。

(8) 在【图层】面板中双击【图层1】打开【图层样式】对话框。在对话框中选中【外发光】选项，设置【混合模式】为【滤色】，【不透明度】为35%，单击【确定】按钮，如图9-70所示。

图9-69 变换文字　　　　　　　　　图9-70 添加【外发光】样式

(9) 在【图层】面板中选中最上方的图层。然后选择【文件】|【置入嵌入对象】命令，分别置入装饰元素图像，并调整装饰元素在图像中的位置及大小，如图9-71所示。

(10) 使用【横排文字】工具在画板中单击，在选项栏中设置字体系列为【方正黑体简体】，字体大小为11点，字体颜色为R:232 G:41 B:91，然后输入文字内容，如图9-72所示。输入结束后，按Ctrl+Enter快捷键确认。

图9-71 置入图像　　　　　　　　　图9-72 输入文字

(11) 选择【矩形】工具，在选项栏中设置工具模式为【形状】，【填充】为白色，【描边】为白色，【描边】粗细为 5 像素，然后使用【矩形】工具绘制形状，并按 Ctrl+[快捷键将其下移一层，放置在文字下方，如图 9-73 所示。

(12) 按 Ctrl+J 快捷键复制刚创建的矩形形状图层，在选项栏中更改【填充】为【无】，并使用【移动】工具调整其位置，如图 9-74 所示。

| 图 9-73　绘制图形 | 图 9-74　复制并调整图形 |

(13) 使用【横排文字】工具选中步骤 (10) 输入的部分文字内容，然后更改文字颜色为白色，如图 9-75 所示。

(14) 使用【横排文字】工具在画板中单击，在【字符】面板中设置字体系列为【方正黑体简体】，字体大小为 16 点，字体颜色为 R:255 G:197 B:35，然后输入文字内容，如图 9-76 所示。输入结束后，按 Ctrl+Enter 快捷键确认。

图 9-75　更改文字颜色　　　　图 9-76　输入文字

(15) 在【图层】面板中双击刚创建的文字图层，打开【图层样式】对话框。在对话框中选中【投影】选项，设置【混合模式】为【正片叠底】，投影颜色为 R:66 G:37 B:2，【不透明度】为 55%，【角度】为 90 度，【距离】为 10 像素，【扩展】为 10%，【大小】为 10 像素，然后单击【确定】按钮应用图层样式，如图 9-77 所示。

图 9-77　添加【投影】样式

9.6　习题

1. 如何选取文字？

2. 路径文字出现重叠怎么办？

3. 打开素材图像文件，输入文字内容，并练习使用【字符】和【段落】面板调整文字外观，完成效果如图 9-78 所示。

4. 打开素材图像文件，输入文字内容，并使用【文字变形】命令变形文字，效果如图 9-79 所示。

图 9-78　图像效果(一)

图 9-79　图像效果(二)

第 10 章
使用滤镜特效

滤镜主要用来实现图像的各种特殊效果。在 Photoshop 中有一百多种滤镜，根据滤镜产生的效果不同，滤镜可以分为独立滤镜、校正滤镜、变形滤镜、效果滤镜和其他滤镜。通过应用不同的滤镜，可以制作出丰富多彩的图像效果。

 本章重点

- 滤镜的使用
- 【滤镜库】的应用

- Camera Raw 滤镜
- 【模糊画廊】滤镜组

 二维码教学视频

【例 10-1】使用智能滤镜
【例 10-2】制作油画效果
【例 10-3】使用【Camera Raw 滤镜】命令
【例 10-4】使用【镜头校正】命令

【例 10-5】使用【消失点】命令
【例 10-6】使用【动感模糊】命令
【例 10-7】使用【移轴模糊】命令
【例 10-8】使用【置换】命令
【例 10-9】制作水彩画效果

10.1 滤镜的使用

Photoshop 中的滤镜是一种插件模块，它通过改变图像像素的位置或颜色来生成各种特殊的效果。Photoshop 的【滤镜】菜单中提供了一百多种滤镜。滤镜大致可以分为 3 种类型：第一种是修改类滤镜，它们可以修改图像中的像素，如扭曲、纹理、素描等滤镜，这类滤镜的数量最多；第二种是复合类滤镜，它们有自己的工具和独特的操作方法，更像是一个独立的软件，如【液化】和【消失点】滤镜等；第三种是创造类滤镜，只有【云彩】滤镜，是唯一一个不需要借助任何像素便可以产生效果的滤镜。

> 🖱️ **提示**
>
> RGB 模式的图像可以使用全部滤镜，部分滤镜不能用于 CMYK 模式的图像，索引模式和位图模式的图像不能使用滤镜。如果要对位图、索引或 CMYK 模式的图像应用一些特殊滤镜，可以将它们转换为 RGB 模式，再进行处理。

10.1.1 智能滤镜

在 Photoshop 中直接对图层进行滤镜操作，该操作直接作用于画面本身，是具有破坏性的，我们可以使用智能滤镜，使其变为非破坏性的、可再次调整的滤镜。

👉 **【例 10-1】** 使用智能滤镜调整图像效果。🎬 视频

(1) 选择需要应用滤镜的图层，右击，在弹出的快捷菜单中选择【转换为智能对象】命令，如图 10-1 所示，将所选图层转换为智能对象，然后再使用滤镜，即可创建智能滤镜。如果当前图层为智能对象，可直接对其应用滤镜。除【液化】【消失点】滤镜外，其他滤镜都可以当作智能滤镜使用。

图 10-1　转换为智能对象

(2) 应用于智能对象的任何滤镜都是智能滤镜，智能滤镜属于非破坏性滤镜，可以进行参数调整。选择【滤镜】|【滤镜库】命令，打开【滤镜库】对话框，如图 10-2 所示。在该对话框中，选中【素描】滤镜组中的【半调图案】滤镜并进行设置。

（3）在【图层】面板中双击一个智能滤镜旁边的编辑混合选项图标，可以打开如图 10-3 所示的【混合选项（滤镜库）】对话框。此时可设置滤镜的不透明度和混合模式。编辑智能滤镜混合选项，类似于在对传统图层应用滤镜后使用【渐隐】命令。

图 10-2　应用滤镜

（4）智能滤镜包含一个蒙版，默认情况下，该蒙版显示完整的滤镜效果。编辑滤镜蒙版可有选择地遮盖智能滤镜。滤镜蒙版的工作方式与图层蒙版相同，用黑色绘制的区域将隐藏滤镜效果；用白色绘制的区域，滤镜是可见的；用灰度绘制的区域，滤镜将以不同级别的透明度出现。单击蒙版将其选中，使用【渐变】工具或【画笔】工具在图像中创建黑白线性渐变，渐变会应用到蒙版中，并对滤镜效果进行遮盖，如图 10-4 所示。

图 10-3　编辑混合选项

图 10-4　调整滤镜蒙版

提示

在滤镜对话框中，经过修改后，如果想要复位当前滤镜到默认设置时，可以按住 Alt 键，此时对话框中的【取消】按钮将变成【复位】按钮，单击该按钮可将滤镜参数恢复到该滤镜的默认设置状态。

10.1.2　【滤镜库】的应用

滤镜库是一个整合了多组常用滤镜命令的集合库。虽然滤镜效果风格迥异，但使用方法却非常相似。在滤镜库中不仅可以累积应用多个滤镜或多次应用单个滤镜，还可以重新排列滤镜或更改已应用的滤镜设置，制作多种滤镜混合的效果。

打开一个图像文件，选择【滤镜】|【滤镜库】命令，打开【滤镜库】对话框。在【滤镜库】对话框中，提供了【风格化】【画笔描边】【扭曲】【素描】【纹理】和【艺术效果】6 组滤镜。在该对话框中间的滤镜列表中选择一个滤镜组，单击即可展开组。在该滤镜组中选择一个滤镜，单击即可为当前画面应用滤镜效果。然后在右侧适当调节参数，即可在

左侧预览区域中观察到滤镜效果，如图 10-5 所示。滤镜设置完成后，单击【确定】按钮。

图 10-5　应用【滤镜库】

> **提示**
>
> 　　【滤镜库】对话框的左侧是预览区域，在预览区域下方，通过单击 ⊟ 按钮或 ⊞ 按钮可以调整图像预览显示的大小。单击预览区域下方的【缩放比例】按钮，可在弹出的列表中选择 Photoshop 预设的各种缩放比例，如图 10-6 所示。要想隐藏滤镜命令选择区域，从而使用更多空间显示预览区域，只需单击对话框中的【显示 / 隐藏滤镜命令选择区域】按钮 ⯅ 即可。

图 10-6　调整图像预览

　　如果要制作两个滤镜叠加效果，可以单击【滤镜库】对话框右下角的【新建效果图层】按钮 ▯ ，即可在滤镜效果列表中添加一个滤镜效果图层，如图 10-7 所示。然后，选择所需增加的滤镜命令并设置其参数选项，这样就可以对图像增加使用一个滤镜效果。

> **提示**
>
> 　　当执行完一个滤镜操作后，在【滤镜】菜单的顶部出现刚使用过的滤镜名称，选择该命令，或按 Ctrl+F 快捷键，可以以相同的参数再次应用该滤镜。如果按 Alt+Ctrl+F 快捷键，则会重新打开上一次执行的滤镜对话框。

　　在滤镜库中为图像设置多个效果图层后，如果不再需要某些效果图层，可以选中该效果图层后，单击【删除效果图层】按钮 🗑 将其删除，如图 10-8 所示。

图 10-7　新建滤镜效果图层

图 10-8　删除滤镜效果图层

10.1.3　【画笔描边】滤镜组

【画笔描边】滤镜组下的命令可以模拟出不同画笔或油墨笔刷勾画图像的效果，使图像产生各种绘画效果。

1.【成角的线条】滤镜

【成角的线条】滤镜模拟画笔以某种成直角状的方向绘制图像，暗部区域和亮部区域分别为不同的线条方向，如图 10-9 所示。选择【滤镜】|【滤镜库】命令，在打开的【滤镜库】对话框中单击【画笔描边】滤镜组中的【成角的线条】滤镜，显示设置选项。

图 10-9　应用【成角的线条】滤镜

▽ 【方向平衡】文本框：用于设置笔触的倾斜方向。

▽ 【描边长度】文本框：用于控制勾绘画笔的长度。该值越大，笔触线条越长。

▽ 【锐化程度】文本框：用于控制笔锋的尖锐程度。该值越小，图像越平滑。

2.【墨水轮廓】滤镜

【墨水轮廓】滤镜根据图像的颜色边界，描绘其黑色轮廓，用精细的细线在原来细节上重绘图像，并强调图像的轮廓，如图 10-10 所示。

图 10-10　应用【墨水轮廓】滤镜

▽ 【描边长度】文本框：用于设置图像中生成的线条的长度。

▽ 【深色强度】文本框：用于设置线条阴影的强度。该值越大，图像越暗。

▽ 【光照强度】文本框：用于设置线条高光的强度。该值越大，图像越亮。

3.【喷溅】滤镜

【喷溅】滤镜可以使图像产生笔墨喷溅的艺术效果。在相应的对话框中可以设置喷溅的范围、喷溅效果的轻重程度，如图 10-11 所示。

图 10-11　应用【喷溅】滤镜

4.【喷色描边】滤镜

【喷色描边】滤镜和【喷溅】滤镜效果相似，可以模拟用某个方向的笔触或喷溅的颜色进行绘图的效果，如图 10-12 所示。在【描边方向】下拉列表中可以选择笔触的线条方向。

图 10-12 应用【喷色描边】滤镜

5.【强化的边缘】滤镜

【强化的边缘】滤镜可以对图像的边缘进行强化处理。设置高的边缘亮度值时，强化效果类似白色粉笔；设置低的边缘亮度值时，强化效果类似黑色油墨，如图 10-13 所示。

图 10-13 应用【强化的边缘】滤镜

6.【深色线条】滤镜

【深色线条】滤镜通过使用短而紧密的深色线条绘制图像中的暗部区域，用长的白色线条绘制图像中的亮部区域，从而产生一种强烈的反差效果，如图 10-14 所示。

图 10-14 应用【深色线条】滤镜

7. 【烟灰墨】滤镜

【烟灰墨】滤镜和【深色线条】滤镜效果较为相似。该滤镜可以通过计算图像中像素值的分布，对图像进行概括性描述，从而更加生动地表现出木炭或墨水被纸张吸收后的模糊效果，如图 10-15 所示。

图 10-15　应用【烟灰墨】滤镜

8. 【阴影线】滤镜

【阴影线】滤镜可以保留原始图像的细节和特征，同时使用模拟的铅笔阴影线添加纹理，并使彩色区域的边缘变得粗糙，如图 10-16 所示。

图 10-16　应用【阴影线】滤镜

👉【例 10-2】　制作油画效果。📹 视频

(1) 选择【文件】|【打开】命令，打开一幅图像文档，并按 Ctrl+J 快捷键复制【背景】图层，如图 10-17 所示。

(2) 选择【滤镜】|【滤镜库】命令，打开【滤镜库】对话框。在对话框中，选中【画笔描边】滤镜组中的【喷溅】滤镜，设置【喷色半径】数值为 7，【平滑度】数值为 5，如图 10-18 所示。

图 10-17　打开图像并复制图层

　　(3) 在【滤镜库】对话框中，单击【新建效果图层】按钮。选择【艺术效果】滤镜组中的【绘画涂抹】滤镜，设置【画笔大小】数值为 3，【锐化程度】数值为 1，在【画笔类型】下拉列表中选择【简单】选项，如图 10-19 所示。

图 10-18　应用【喷溅】滤镜　　　　　　　　　图 10-19　应用【绘画涂抹】滤镜

提示

　　使用滤镜处理图像后，可以执行【编辑】|【渐隐】命令修改滤镜效果的混合模式和不透明度。【渐隐】命令必须是在进行了编辑操作后立即执行，如果这中间又进行了其他操作，则无法使用该命令。

　　(4) 在【滤镜库】对话框中，单击【新建效果图层】按钮。选择【纹理】滤镜组中的【纹理化】滤镜，在【纹理】下拉列表中选择【画布】选项，设置【缩放】数值为 90%，【凸现】数值为 8。设置完成后，单击【确定】按钮关闭【滤镜库】对话框，如图 10-20 所示。

图 10-20　应用【纹理化】滤镜

10.1.4　【素描】滤镜组

　　【素描】滤镜组中的滤镜根据图像中色调的分布情况，使用前景色和背景色按特定的运算方式进行填充和添加纹理，使图像产生素描、速写和三维的艺术效果。

1.【半调图案】滤镜

　　【半调图案】滤镜使用前景色和背景色将图像处理为带有圆形、网点或直线形状的半调网屏效果，如图 10-21 所示。

▽ 【大小】文本框：用于设置网点的大小。该值越大，其网点越大。

▽ 【对比度】文本框：用于设置前景色的对比度。该值越大，前景色的对比度越强。

▽ 【图案类型】下拉列表：用于设置图案的类型，有【网点】【圆形】和【直线】3个选项。

图 10-21　应用【半调图案】滤镜

2.【便条纸】滤镜

【便条纸】滤镜可以使图像产生类似浮雕的凹陷压印效果，其中前景色作为凹陷部分，而背景色作为凸出部分，如图 10-22 所示。

图 10-22　应用【便条纸】滤镜

▽ 【图像平衡】文本框：用于设置高光区域和阴影区域相对面积的大小。

▽ 【粒度】/【凸现】文本框：用于设置图像中生成的颗粒的数量和显示程度。

3.【粉笔和炭笔】滤镜

【粉笔和炭笔】滤镜可重绘高光和中间调，并使用粗糙粉笔绘制纯中间调的灰色背景。阴影区域用黑色对角炭笔线替换，炭笔用前景色绘制，粉笔用背景色绘制，如图 10-23 所示。

▽ 【炭笔区】/【粉笔区】文本框：用于设置炭笔区域和粉笔区域的范围。

▽ 【描边压力】文本框：用于设置画笔的压力。

图 10-23　应用【粉笔和炭笔】滤镜

4.【绘图笔】滤镜

【绘图笔】滤镜使用细的、线状的油墨描边来捕捉原图像画面中的细节。前景色作为油墨，背景色作为纸张，以替换原图像中的颜色，如图 10-24 所示。

图 10-24　应用【绘图笔】滤镜

▽　【描边长度】文本框：用于调节笔触在图像中的长短。

▽　【明/暗平衡】文本框：用于调整图像前景色和背景色的比例。当该值为 0 时，图像被背景色填充；当该值为 100 时，图像被前景色填充。

▽　【描边方向】下拉列表：用于选择笔触的方向。

5.【撕边】滤镜

【撕边】滤镜可以重建图像，模拟由粗糙、撕破的纸片组成的效果，然后使用前景色与背景色为图像着色。对于文本或高对比度的对象，此滤镜尤其有用，如图 10-25 所示。

图 10-25　应用【撕边】滤镜

6.【炭笔】滤镜

【炭笔】滤镜可以产生色调分离的涂抹效果。图像的主要边缘以粗线条绘制，而中间色调用对角描边进行素描。炭笔是前景色，背景色是纸张颜色，如图 10-26 所示。

图 10-26　应用【炭笔】滤镜

7.【炭精笔】滤镜

【炭精笔】滤镜可以在图像上模拟浓黑和纯白的炭精笔纹理，暗区使用前景色，亮区使用背景色，如图 10-27 所示。为了获得更逼真的效果，可以在应用滤镜之前将前景色改为常用的炭精笔颜色，如黑色、深褐色等。要获得减弱的效果，可以将背景色改为白色。在白色背景中添加一些前景色，然后再应用滤镜。

图 10-27　应用【碳精笔】滤镜

▽ 【前景色阶】/【背景色阶】文本框：用来调节前景色和背景色的平衡关系，哪一个色阶的数值越高，它的颜色就越突出。

▽ 【纹理】选项：在该下拉列表中可以选择一种预设纹理，也可以单击选项右侧的 按钮，载入一个 PSD 格式的文件作为产生纹理的模板。

▽ 【缩放】/【凸现】文本框：用来设置纹理的大小和凹凸程度。

▽ 【光照】选项：在该选项的下拉列表中可以选择光照方向。

▽ 【反相】复选框：选中该复选框，可以反转纹理的凹凸方向。

8.【图章】滤镜

【图章】滤镜可以简化图像，使之看起来像是用橡皮或木制图章创建的一样，如图 10-28 所示。该滤镜用于黑白图像时效果最佳。

图 10-28　应用【图章】滤镜

▽　【明 / 暗平衡】文本框：可以调整图像中亮调与暗调区域的平衡关系。
▽　【平滑度】文本框：用于设置图像效果的平滑程度。

9.【网状】滤镜

【网状】滤镜使用前景色和背景色填充图像，在图像中产生一种网眼覆盖的效果，使图像的暗色调区域呈结块化，高光区域呈轻微颗粒化，如图 10-29 所示。

图 10-29　应用【网状】滤镜

▽　【密度】文本框：用来设置图像中产生的网纹密度。
▽　【前景色阶】/【背景色阶】文本框：用来设置图像中使用的前景色和背景色的色阶数。

10.【影印】滤镜

【影印】滤镜可以模拟影印图像的效果，如图 10-30 所示。使用【影印】滤镜后会把图像之前的色彩去掉，并使用默认的前景色勾画图像轮廓边缘，而其余部分填充默认的背景色。

图 10-30　应用【影印】滤镜

10.1.5　【纹理】滤镜组

【纹理】滤镜组中包含了 6 种滤镜，使用这些滤镜可以模拟具有深度感或物质感的外观。下面介绍几种常用的【纹理】滤镜效果。

1.【龟裂缝】滤镜

【龟裂缝】滤镜可以将图像绘制在凸现的石膏表面上，并沿着图像等高线生成精细的网状裂缝，如图 10-31 所示。使用该滤镜可以对包含多种颜色值或灰度值的图像创建浮雕效果。

▽ 【裂缝间距】文本框：用来设置图像中生成的裂缝的间距。该值越小，裂缝越细密。

▽ 【裂缝深度】/【裂缝亮度】文本框：用来设置裂缝的深度和亮度。

图 10-31　应用【龟裂缝】滤镜

2.【颗粒】滤镜

【颗粒】滤镜可以使用常规、喷洒、结块、斑点、垂直等不同种类的颗粒在图像中添加纹理，如图 10-32 所示。

▽ 【强度】文本框：用于设置颗粒密度，其取值范围为 0~100。该值越大，图像中的颗粒越多。

图 10-32 应用【颗粒】滤镜

▽ 【对比度】文本框：用于调整颗粒的明暗对比度，其取值范围为 0~100。
▽ 【颗粒类型】下拉列表：用于设置颗粒的类型，包括【常规】【结块】和【喷洒】
等 10 种类型。

3.【纹理化】滤镜

【纹理化】滤镜可以生成各种纹理，在图像中添加纹理质感，可选择的纹理包括砖形、粗麻布、画布和砂岩，也可以载入一个 PSD 格式的文件作为纹理文件，如图 10-33 所示。

图 10-33 应用【纹理化】滤镜

▽ 【缩放】文本框：用于调整纹理的尺寸大小。该值越大，纹理效果越明显。
▽ 【凸现】文本框：用于调整纹理的深度。该值越大，图像的纹理深度越深。
▽ 【光照】下拉列表：提供了 8 种方向的光照效果。

10.1.6 【艺术效果】滤镜组

使用【艺术效果】滤镜组中的滤镜可以将图像变为传统介质上的绘画效果，利用这些命令可以使图像产生不同风格的艺术效果。

1.【壁画】滤镜

【壁画】滤镜使用短而圆的、粗犷涂抹的小块颜料，使图像产生类似壁画般的效果，如图 10-34 所示。

图 10-34　应用【壁画】滤镜

2.【彩色铅笔】滤镜

【彩色铅笔】滤镜使用彩色铅笔在纯色背景上绘制图像，并保留重要边缘，外观呈粗糙阴影线，纯色背景色会透过比较平滑的区域显示出来，如图 10-35 所示。

▽ 【铅笔宽度】文本框：用来设置铅笔线条的宽度。该值越大，铅笔线条越粗。

▽ 【描边压力】文本框：用来设置铅笔的压力效果。该值越大，线条越粗犷。

▽ 【纸张亮度】文本框：用来设置画质纸色的明暗程度。该值越大，纸的颜色越接近背景色。

图 10-35　应用【彩色铅笔】滤镜

3.【粗糙蜡笔】滤镜

【粗糙蜡笔】滤镜可以使图像产生类似蜡笔在纹理背景上绘图产生的一种纹理效果，如图 10-36 所示。

图 10-36　应用【粗糙蜡笔】滤镜

4.【干画笔】滤镜

【干画笔】滤镜可以模拟干画笔技术绘制图像，通过减少图像的颜色来简化图像的细节，使图像产生一种不饱和、不湿润的油画效果，如图 10-37 所示。

图 10-37　应用【干画笔】滤镜

5.【海报边缘】滤镜

【海报边缘】滤镜可以按照设置的选项自动跟踪图像中颜色变化剧烈的区域，在边界上填入黑色的阴影，大而宽的区域有简单的阴影，而细小的深色细节遍布图像，使图像产生海报效果，如图 10-38 所示。该滤镜的作用是增加图像对比度并沿边缘的细微层次加上黑色，能够产生具有招贴画边缘效果的图像。

图 10-38　应用【海报边缘】滤镜

▽ 【边缘厚度】文本框：用于调节图像的黑色边缘的宽度。该值越大，边缘轮廓越宽。

▽ 【边缘强度】文本框：用于调节图像边缘的明暗程度。该值越大，边缘越黑。

▽ 【海报化】文本框：用于调节颜色在图像上的渲染效果。该值越大，海报效果越明显。

6.【绘画涂抹】滤镜

【绘画涂抹】滤镜可以使用【简单】【未处理光照】【宽锐化】【宽模糊】和【火花】等软件预设的不同类型的画笔样式创建绘画效果，如图 10-39 所示。

图 10-39　应用【绘画涂抹】滤镜

7.【木刻】滤镜

【木刻】滤镜可以利用版画和雕刻原理，将图像处理成由粗糙剪切彩纸组成的高对比度图像，产生剪纸、木刻的艺术效果，如图 10-40 所示。

▽ 【色阶数】文本框：用于设置图像中色彩的层次。该值越大，图像的色彩层次越丰富。

▽ 【边缘简化度】文本框：用于设置图像边缘的简化程度。

▽ 【边缘逼真度】文本框：用于设置产生痕迹的精确度。该值越小，图像痕迹越明显。

图 10-40　应用【木刻】滤镜

8.【水彩】滤镜

【水彩】滤镜能够以水彩的风格绘制图像，同时简化颜色，从而产生水彩画的效果，如图 10-41 所示。

图 10-41　应用【水彩】滤镜

9.【涂抹棒】滤镜

　　【涂抹棒】滤镜可以使图像产生一种涂抹、晕开的效果。它使用较短的对角线来涂抹图像的较暗区域，较亮的区域变得更明亮并丢失细节，如图 10-42 所示。

图 10-42　应用【涂抹棒】滤镜

10.2　Camera Raw 滤镜

　　RAW 格式的照片包含相机捕获的所有数据，如 ISO 设置、快门速度、光圈值、白平衡等。RAW 是未经处理和压缩的格式，因此被称为"数字底片"。【Camera Raw 滤镜】命令专门用于处理 RAW 文件，它可以解释相机原始数据文件，对白平衡、色调范围、对比度、颜色饱和度、锐化进行调整。

👉【例 10-3】　使用【Camera Raw 滤镜】命令调整图像效果。🎬 视频

　　(1) 打开一个图像文件，选择【滤镜】|【Camera Raw 滤镜】命令，或按 Shift+Ctrl+A 快捷键，打开如图 10-43 所示的 Camera Raw 对话框。在该对话框右侧参数设置区集中了大量的图像调整命令，这些命令被分为多个组，以折叠面板的形式显示在对话框中。单击折叠面板名称前的图标，可展开其包含的设置选项。

　　(2) 对话框左侧为图像编辑预览区域。通过单击右下角的按钮，可以在修改前和修改后的视图之间进行切换，查看编辑前后的图像，如图 10-44 所示。当长按右侧面板右上角的图标时，可以暂时隐藏面板中的编辑结果。

图 10-43　打开 Camera Raw 对话框

图 10-44　查看编辑前后的图像

▽ 在【基本】面板中可使用滑块对图像的白平衡、色温、色调、曝光度、高光、阴影等进行调整。

▽ 在【曲线】面板中可使用曲线微调色调等级，还能在参数曲线、点曲线、红色通道、绿色通道和蓝色通道中进行选择。

▽ 在【细节】面板中可使用滑块调整锐化、降噪并减少杂色。

▽ 在【混色器】面板中可在【HSL】(色相、饱和度、明亮度)和【颜色】之间进行选择，以调整图像的不同色相。

▽ 在【颜色分级】面板中可使用色轮精确调整阴影、中色调和高光中的色相，也可以调整这些色相的【混合】与【平衡】数值。

▽ 在【光学】面板中能够删除色差、扭曲和晕影。使用【去边】选项还可以对图像中的紫色或绿色色相进行采样和校正。

▽ 在【几何】面板中可调整不同类型的透视和色阶校正。选择【限制裁切】，在应用【几何】调整后快速移除白色边框。

▽ 在【效果】面板中可使用滑块添加颗粒或晕影。

▽ 在【校准】面板中，可从【处理】下拉菜单中选择【处理版本】，并调整阴影、红主色、绿主色和蓝主色滑块。

(3) 在 Camera Raw 对话框的右侧边缘还包含几个工具按钮。使用【污点去除】工具可以修复或复制图像的特定区域，将图像中的干扰元素去除。单击【污点去除】按钮，在显示的【修复】选项组中，打开【文字】下拉列表，在其中可以选择工具的工作模式，然后设置工具的【大小】【羽化】和【不透明度】数值。再使用【污点去除】工具在需要去除的位置单击或喷涂，即可修复或仿制图像，如图 10-45 所示。如果对编辑后的结果不满意，可以拖动仿制源处的绿色控制柄，使用仿制源处的图像遮盖原位置。

图 10-45 使用【污点去除】工具

💿 提示

　　单击 Camera Raw 对话框右侧的【红眼】按钮，在显示的【红眼】选项组的【文字】下拉列表中，选择要去除红眼的对象，然后设置瞳孔大小和变暗程度。其设置方法与工具面板中的【红眼】工具相似。

(4) 单击【蒙版】按钮，在显示的【创建新蒙版】选项组中，可以选择需要编辑的区域，也可以使用 AI 工具选择复杂的区域。创建蒙版后，在其下方显示的设置选项中编辑图像效果，如图 10-46 所示。

(5) 单击【预设】按钮，再单击【更多设置】按钮，在弹出的菜单中选择【创建预设】命令可以添加自定义预设。在打开的【创建预设】对话框中，可以为自定义编辑输入一个名称，并选择所包含的编辑选项，然后单击【确定】按钮创建预设，如图 10-47 所示。

图 10-46　创建蒙版

图 10-47　创建预设

> **提示**
>
> 　　单击右侧的【预设】按钮 ，在显示的面板中可以访问和浏览不同人像、风格、样式、主题等高级预设，还可以添加自定义预设。将鼠标光标悬停在预设上即可预览预设效果，单击预设名称即可应用。

10.3　【镜头校正】滤镜

　　【镜头校正】滤镜用于修复常见的镜头缺陷，如桶形失真、枕形失真、色差以及晕影等，也可以用来旋转图像，或修复由于相机垂直或水平倾斜而导致的图像透视现象。在进行变换和变形操作时，该滤镜比【变换】命令更为有用。同时，该滤镜提供的网格可以使调整更为轻松、精确。

【例 10-4】 　使用【镜头校正】命令调整图像效果。 视频

　　(1) 打开一个图像文件，选择【滤镜】|【镜头校正】命令，或按 Shift+Ctrl+R 快捷键，可以打开【镜头校正】对话框。【镜头校正】对话框左侧是该滤镜的工具，中间是预览和操作窗口，右侧是参数设置区，如图 10-48 所示。

　　▽　【移去扭曲】工具：可以校正镜头桶形或枕形扭曲。选择该工具后，将光标放在画面中，单击并向画面边缘拖动鼠标可以校正桶形失真；向画面的中心拖动鼠标可以校正枕形失真。

　　▽　【拉直】工具：可以校正倾斜的图像，或者对图像的角度进行调整。选择该工具后，

在图像中单击并拖动一条直线，放开鼠标后，图像会以该直线为基准进行角度的校正。

▽ 【移动网格】工具：用来移动网格，以便使它与图像对齐。

▽ 【缩放】工具 / 【抓手】工具：用于缩放预览窗口的显示比例和移动画面。

▽ 【显示网格】复选框：选中该复选框后，可以在画面中显示网格，通过网格线可以更好地判断所需的校正参数。在【大小】数值框中可以调整网格间距；单击【颜色】选项右侧色块，可打开【拾色器】对话框修改网格颜色。

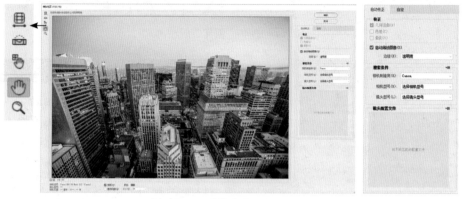

图 10-48　【镜头校正】对话框

(2) 在【自动校正】选项卡中，可以解决拍摄照片时由于相机设备原因产生的问题。在【搜索条件】选项组中设置相机制造商、相机型号和镜头型号。指定选项后，Photoshop 会给出与之匹配的镜头配置文件，如图 10-49 所示。在【镜头配置文件】选项中选择与相机和镜头匹配的配置文件，然后在【校正】选项组中选择要校正的缺陷，包括几何扭曲、色差和晕影。如果图像校正后超出了原始尺寸，可选中【自动缩放图像】复选框，或在【边缘】下拉列表中指定如何处理出现的空白区域。选择【边缘扩展】选项，可以扩展图像的边缘像素来填充空白区域；选择【透明度】选项，可以使空白区域保持透明；选择【黑色】或【白色】选项，则可以使用黑色或白色填充空白区域。

图 10-49　自动校正

(3) 单击【自定】选项卡，可以手动校正镜头造成的扭曲、透视、色差和晕影效果，如图 10-50 所示。

图 10-50　手动校正

▽ 【几何扭曲】选项组中的【移去扭曲】选项主要用来校正镜头的桶形失真或枕形失真。该数值为正时，图像将向外扭曲；该数值为负时，图像将向中心扭曲。

▽ 【色差】选项组用于校正色边。在进行校正时，放大预览窗口的图像，可以清楚地查看色边的校正情况。

▽ 【晕影】选项组用来校正由于镜头缺陷或镜头遮光处理不正确而导致边缘较暗的图像。在【数量】选项中可以设置沿图像边缘变亮或变暗的程度。在【中点】选项中可以指定受【数量】滑块影响的区域的宽度，如果指定较小的数，会影响较多的图像区域；如果指定较大的数，则只会影响图像的边缘。

▽ 【变换】选项组中提供了用于校正图像透视和旋转角度的控制选项。【垂直透视】用来校正由于相机向上或向下倾斜而导致的图像透视，使图像中的垂直线平行。
【水平透视】也用来校正由于相机原因导致的图像透视，与【垂直透视】不同的是，它可以使水平线平行。使用【角度】可以旋转图像以针对相机歪斜加以校正，或者在校正透视后进行调整。它与【拉直】工具的作用相同。

10.4　【液化】滤镜

【液化】滤镜是修饰图像和创建艺术效果的强大工具，常用于数码照片的修饰。【液化】命令的使用方法较简单，但功能相当强大，可以创建推、拉、旋转、扭曲和收缩等变形效果。打开一个图像文件，选择【滤镜】|【液化】命令，可以打开【液化】对话框。

【液化】对话框左侧边缘为液化工具列表，其中包含多种可以对图像进行变形操作的工具。这些工具的操作方法非常简单，只需要在画面中按住鼠标左键并拖动即可观察到效果，如图 10-51 所示。变形操作的效果集中在画笔区域的中心，并且会随着鼠标在某个区域中的重复拖动而得到增强。

图 10-51　应用【液化】滤镜

提示

　　【液化】对话框右侧区域为属性设置区域，其中【画笔工具选项】用于设置工具大小、压力等参数；【人脸识别液化】用于针对面部轮廓的各个部分进行设置；【载入网格选项】用于将当前液化变形操作以网格的形式进行存储，或者调用之前存储的液化网格；【蒙版选项】用于进行蒙版的显示、隐藏以及反相等的设置；【视图选项】用于设置当前画面的显示方式；【画笔重建选项】用于将图层恢复到之前效果。

▽　【向前变形】工具：使用该工具后按住鼠标左键并拖动鼠标，可以向前推动像素。在变形时可以遵循"少量多次"的原则，保证变形效果更加自然。

▽　【重建】工具：用于恢复变形的图像。在变形区域单击或拖动鼠标进行涂抹时，可以使变形区域的图像恢复到原来的效果。

▽　【平滑】工具：可以对变形的像素进行平滑处理。

▽　【顺时针旋转扭曲】工具：使用该工具可以旋转像素。将光标移到画面中按住鼠标左键并拖动即可顺时针旋转像素。如果按住 Alt 键进行操作，则可以逆时针旋转像素。

▽　【褶皱】工具：可以使像素向画笔区域的中心移动，使图像产生内缩效果。

▽　【膨胀】工具：可以使像素向画笔区域中心以外的方向移动，使画面产生向外膨胀的效果。

▽　【左推】工具：选择该工具后按住鼠标左键从上至下拖动鼠标时，像素会向右移动。反之，像素则向左移动。

▽　【冻结蒙版】工具：如果需要对某个区域进行处理，并且不希望操作影响到其他区域，可以使用该工具绘制出冻结区域，则该区域不会发生变形。

▽　【解冻蒙版】工具：使用该工具在冻结区域涂抹，可以将其解冻。

▽　【脸部】工具：单击该按钮，进入面部编辑状态，软件会自动识别人物的脸部形状及五官，并在面部添加一些控制点，通过拖动控制点可以调整脸部形状及五官的形态；也可以在右侧的参数选项组中设置数值进行调整，如图 10-52 所示。

图 10-52　使用【脸部】工具

10.5　【消失点】滤镜

【消失点】滤镜的作用是帮助用户对含有透视平面的图像进行透视调节和编辑。用户先选定图像中的平面，然后在透视平面的指导下，运用绘画、克隆、复制或粘贴，以及变换等编辑工具对图像中的内容进行修饰、添加或移动，使其最终效果更加逼真。选择【滤镜】|【消失点】命令，或按 Alt+Ctrl+V 快捷键，可以打开【消失点】对话框。对话框左侧是该滤镜的使用工具，中间是预览和操作窗口，顶部是参数设置区。

【例 10-5】　使用【消失点】滤镜调整图像效果。 🎬视频

(1) 选择【文件】|【打开】命令，打开【打开】对话框。在该对话框中，选中需要打开的图像文件，单击【打开】按钮，打开的图像如图 10-53 所示。

(2) 打开另一个素材图像文件，按 Ctrl+A 快捷键将图像选区选中，然后按 Ctrl+C 快捷键复制该图像，如图 10-54 所示。

图 10-53　打开图像

图 10-54　打开并复制图像

(3) 切换到步骤(1)中打开的图像，选择【滤镜】|【消失点】命令，打开【消失点】对话框。使用【创建平面】工具在图像上通过拖动并单击添加透视网格，如图 10-55 所示。

(4) 按 Ctrl+V 快捷键，将刚才所复制的对象粘贴到当前图像中。并选择左侧工具列表中的【变换】工具，调整图像大小。完成设置后，单击【确定】按钮，即可将刚才所设置的透视效果应用到当前图像中，如图 10-56 所示。

图 10-55　创建平面　　　　　　　　　　　　图 10-56　贴入并变换图像

10.6　【模糊】滤镜组

在 Photoshop 中选择【滤镜】|【模糊】命令，其子菜单中包含多种用于模糊图像的滤镜。这些滤镜多用于不同程度地减少图像相邻像素间的颜色差异，使该图像产生柔和、模糊的效果。

10.6.1　【动感模糊】滤镜

【动感模糊】滤镜可以对图像像素进行线性位移操作，从而产生沿某一方向运动的模糊效果，使静态图像产生动态效果。选择【滤镜】|【模糊】|【动态模糊】命令，在打开的【动态模糊】对话框中进行设置，然后单击【确定】按钮。【动感模糊】滤镜可以沿指定的方向，以指定的距离进行模糊，所产生的效果类似于在固定的曝光时间拍摄一个高速运动的对象。

【例 10-6】　　使用【动感模糊】命令调整图像效果。　视频

(1) 打开一个图像文件，并按 Ctrl+J 快捷键复制【背景】图层，如图 10-57 所示。

(2) 选择【磁性套索】工具，在选项栏中设置【羽化】为 2 像素，然后选取图像中的汽车部分，如图 10-58 所示。

图 10-57　打开图像并复制图层　　　　　　　　图 10-58　创建选区

(3) 按 Shift+Ctrl+I 快捷键反选选区，选择【滤镜】|【模糊】|【动感模糊】命令。在打开的【动感模糊】对话框中，设置【角度】为 0 度，【距离】为 160 像素，然后单击【确定】按钮，如图 10-59 所示。按 Ctrl+D 快捷键取消选区。

图 10-59　应用【动感模糊】滤镜

10.6.2　【高斯模糊】滤镜

　　【高斯模糊】滤镜的应用十分广泛，如制作景深效果、投影效果等，它是【模糊】滤镜组中使用率最高的滤镜之一。其工作原理是在图像中添加低频细节，使图像产生一种朦胧的模糊效果。打开一个图像文件，选择【滤镜】|【模糊】|【高斯模糊】命令，在打开的【高斯模糊】对话框中设置合适的参数，然后单击【确定】按钮，如图 10-60 所示。该对话框中的【半径】选项用于设置模糊的范围，它以像素为单位，数值越大，模糊效果越强烈。

图 10-60　应用【高斯模糊】滤镜

> **提示**
>
> 　　【模糊】和【进一步模糊】滤镜都可以对图像进行自动模糊处理。【模糊】滤镜利用相邻像素的平均值来代替相似的图像区域，从而达到柔化图像边缘的效果；【进一步模糊】滤镜比【模糊】滤镜效果更加明显。这两个滤镜都没有参数设置对话框，如果想加强图像的模糊效果，可以多次使用。

10.6.3　【径向模糊】滤镜

　　【径向模糊】滤镜用于模拟具有辐射性的模糊效果，或相机前后移动、旋转产生的模糊效果。打开一个图像文件，选中需要应用【径向模糊】滤镜的图层。选择【滤镜】|【模糊】|【径向模糊】命令，在打开的【径向模糊】对话框中设置模糊的方法、品质及数量，然后单击【确定】按钮，如图 10-61 所示。

　　▽　【数量】文本框：用于调节模糊效果的强度，数值越大，模糊效果越强，如图 10-62 所示。

▽ 【模糊方法】选项组：选中【旋转】单选按钮时，产生旋转式模糊效果；选中【缩放】单选按钮时，产生放射状模糊效果，该模糊的图像从模糊中心处开始放大，如图 10-63 所示。

图 10-61　应用【径向模糊】滤镜

(a) 数量：10　　　(b) 数量：80　　　　　(a) 模糊方法：旋转　(b) 模糊方法：缩放

图 10-62　设置【数量】　　　　　　　　　图 10-63　设置【模糊方法】

▽ 【品质】选项组：用于调节模糊质量。该选项组包括【草图】【好】【最好】3 个单选按钮。

▽ 【中心模糊】预览框：用于设置模糊从哪一点开始向外扩散，在预览框中单击任意一点即可从该点开始向外扩散，如图 10-64 所示。

图 10-64　设置中心模糊

10.7　【模糊画廊】滤镜组

【模糊画廊】滤镜组中的滤镜通过模仿各种相机的拍摄效果，模糊图像，创建景深效果，非常适用于图像的后期处理。

10.7.1 【场景模糊】滤镜

【场景模糊】滤镜可以在画面中的不同位置添加多个控制点，并对每个控制点设置不同的模糊数值，使画面中的不同部分产生不同的模糊效果。打开一个图像文件，选择【滤镜】|【模糊画廊】|【场景模糊】命令，打开【场景模糊】工作区，如图 10-65 所示。

图 10-65 应用【场景模糊】滤镜

默认情况下，在画面中央位置自动添加一个控制点，这个控制点是用来控制模糊的位置。在工作区右侧通过设置【模糊】数值控制模糊的强度，如图 10-66 所示。

在画面中单击添加控制点，然后设置合适的模糊数值，需要注意远近关系，越远的地方模糊程度越大，如图 10-67 所示。

(a) 模糊：50 像素　　(b) 模糊：6 像素

图 10-66 设置【模糊】

图 10-67 添加控制点

▽ 【光源散景】选项：用于控制光照亮度。该数值越大，高光区域的亮度就越高。

▽ 【散景颜色】选项：通过调整数值，控制散景区域颜色的程度。

▽ 【光照范围】选项：通过调整滑块，用色阶来控制散景的范围。

10.7.2 【光圈模糊】滤镜

【光圈模糊】滤镜是一个单点模糊滤镜，使用【光圈模糊】滤镜可以根据不同的要求对焦点的大小与形状、图像其余部分的模糊数量以及清晰区域与模糊区域之间的过渡效果进行相应的设置。

打开一个图像文件，选择【滤镜】|【模糊画廊】|【光圈模糊】命令，打开如图 10-68 所示的【光圈模糊】工作区。在工作区中可以看到画面中添加了一个控制点并且带有控制框，控制框以外的区域为被模糊的区域。在工作区右侧可以设置【模糊】选项来控制模糊的程度。

图 10-68 使用【光圈模糊】滤镜

在画面上，将光标放置在控制框上，可以缩放、旋转控制框，或按住鼠标左键拖动控制框右上角的控制点，可改变控制框的形状，如图 10-69 所示。拖动控制框内侧的圆形控制点可以调整模糊的效果，如图 10-70 所示。

图 10-69 调整控制框

图 10-70 调整模糊效果

10.7.3 【移轴模糊】滤镜

移轴摄影是一种特殊的摄影方式，从画面上看所拍摄的照片效果就像是微缩模型一样。使用【移轴模糊】滤镜，可以轻松地模拟移轴摄影效果。

【例 10-7】 使用【移轴模糊】命令调整图像效果。 🎬视频

(1) 打开一个图像文件，选择【滤镜】|【模糊画廊】|【移轴模糊】命令，可以打开如图 10-71 所示的【移轴模糊】工作区，在其右侧控制模糊强度。

(2) 如果想要调整画面中清晰区域的范围，可以按住并拖动中心点的位置，拖动上下两端的虚线，可以调整清晰和模糊范围的过渡效果，如图 10-72 所示。

图 10-71 打开【移轴模糊】工作区

图 10-72　应用【移轴模糊】滤镜

10.7.4　【路径模糊】滤镜

【路径模糊】滤镜可以沿着一定方向模糊画面，使用该滤镜可以在画面中创建任何角度的直线或者弧线的控制杆，像素沿着控制杆的走向进行模糊。【路径模糊】滤镜用于制作动态模糊效果，并且能够制作出多角度、多层次的模糊效果。打开一个图像文件，选择【滤镜】|【模糊画廊】|【路径模糊】命令，可以打开如图 10-73 所示的【路径模糊】工作区。默认情况下，画面中央有一个箭头形状的控制杆。

在工作区右侧进行参数的设置，可以看到画面中所选的部分发生了横向的带有运动感的模糊，如图 10-74 所示。通过调整【速度】参数调整模糊的强度，通过调整【锥度】参数调整模糊边缘的渐隐强度。

图 10-73　打开【路径模糊】工作区

图 10-74　设置模糊效果

拖动控制点，可以改变控制杆的形状，同时会影响模糊的效果，如图 10-75 所示。用户也可以在控制杆上单击来添加控制点，并调整箭头的形状，如图 10-76 所示。

图 10-75　调整控制杆

图 10-76　添加控制点

10.7.5 【旋转模糊】滤镜

【旋转模糊】滤镜与【径向模糊】滤镜的效果较为相似，但【旋转模糊】滤镜的功能更加强大。【旋转模糊】滤镜可以一次性在画面中添加多个模糊点，还能够随意控制每个模糊点的模糊范围、形状与强度。打开一个图像文件，选择【滤镜】|【模糊画廊】|【旋转模糊】命令，打开如图 10-77 所示的【旋转模糊】工作区，在右侧调整【模糊】数值可以调整模糊的强度。

图 10-77　应用【旋转模糊】滤镜

10.8 【扭曲】滤镜组

【扭曲】滤镜组中的滤镜可以对图像进行扭曲，使其产生旋转、挤压和水波等变形效果。在处理图像时，这些滤镜会占用大量内存，如果文件较大，可以先在小尺寸的图像上试验。

10.8.1 【波浪】滤镜

【波浪】滤镜可以在图像上创建不同波长和波幅的波纹效果。该滤镜应用非常广泛，如制作包装边缘的撕口。在图像文件中，绘制一个矩形，选择【滤镜】|【扭曲】|【波浪】命令，打开【波浪】对话框。在该对话框中进行类型及其他参数的设置，设置完成后单击【确定】按钮，如图 10-78 所示。

图 10-78　应用【波浪】滤镜

▽ 【生成器数】文本框：用于设置产生波浪的波源数目。

▽ 【波长】文本框：用于控制波峰间距，其中包含【最小】和【最大】两个参数，分别表示最短波长和最长波长，最短波长的值不能超过最长波长的值，如图 10-79 所示。

▽ 【波幅】文本框：用于设置波动幅度，其中包含【最小】和【最大】两个参数，分别表示最小波幅和最大波幅，最小波幅不能超过最大波幅，如图 10-80 所示。

(a) 波长最大：30　(b) 波长最大：110　　　　(a) 波幅最大：100　(b) 波幅最大：300

图 10-79　设置【波长】　　　　　　　图 10-80　设置【波幅】

▽ 【比例】文本框：用于调整水平和垂直方向的波动幅度。

▽ 【类型】选项组：用于设置波动类型，有【正弦】【三角形】和【方形】3 种类型，如图 10-81 所示。

(a) 正弦　　　　　　　　(b) 三角形　　　　　　　(c) 方形

图 10-81　设置【类型】

▽ 【随机化】按钮：单击该按钮，可以随机改变图像的波动效果。

▽ 【未定义区域】选项组：用来设置如何处理图像中出现的空白区域，选择【折回】单选按钮，可在空白区域填入溢出的内容；选择【重复边缘像素】单选按钮，可填入扭曲边缘的像素颜色。

10.8.2　【极坐标】滤镜

【极坐标】滤镜可以将图像从平面坐标转换到极坐标，或将图像从极坐标转换为平面坐标以生成扭曲图像的效果，如图 10-82 所示。

(a) 原图　　　　　　(b) 平面坐标到极坐标　　　　(c) 极坐标到平面坐标

图 10-82　应用【极坐标】滤镜

10.8.3 【水波】滤镜

【水波】滤镜可以模拟石子落入平静的水面而形成的涟漪效果。选择一个图层或绘制一个选区，选择【滤镜】|【扭曲】|【水波】命令，在打开的【水波】对话框中进行参数设置。设置完成后，单击【确定】按钮，如图 10-83 所示。

图 10-83　应用【水波】滤镜

10.8.4 【旋转扭曲】滤镜

【旋转扭曲】滤镜可以使图像围绕图像的中心进行顺时针或逆时针旋转。打开一个图像文件，选择【滤镜】|【扭曲】|【旋转扭曲】命令，打开【旋转扭曲】对话框。在【旋转扭曲】对话框中设置【角度】为正值时，图像以顺时针旋转，如图 10-84 所示；设置【角度】为负值时，图像以逆时针旋转。

图 10-84　应用【旋转扭曲】滤镜

10.8.5 【置换】滤镜

【置换】滤镜可以指定一个图像，并使用该图像的颜色、形状和纹理等来确定当前图像中的扭曲方式，最终使两个图像交错组合在一起，产生位移扭曲效果。这里的指定图像被称为置换图，而且置换图的格式必须是 PSD 格式。

【例 10-8】　使用【置换】命令制作图像艺术效果。 视频

(1) 选择【文件】|【打开】命令，打开一个图像文件，按 Ctrl+J 组合键复制【背景】图层，如图 10-85 所示。

(2) 选择【滤镜】|【像素化】|【彩色半调】命令，打开【彩色半调】对话框。在该对话框中，设置【最大半径】为 10 像素，然后单击【确定】按钮，如图 10-86 所示。

图 10-85　打开图像并复制图层

图 10-86　应用【彩色半调】滤镜

(3) 选择【文件】|【存储为】命令，打开【存储为】对话框。在该对话框的【保存类型】下拉列表中选择 *.PSD 格式，然后单击【保存】按钮，如图 10-87 所示。

(4) 选择【文件】|【打开】命令，打开另一个图像文件，按 Ctrl+J 组合键复制【背景】图层，如图 10-88 所示。

图 10-87　存储文件

图 10-88　打开另一幅图像文件

(5) 选择【滤镜】|【扭曲】|【置换】命令，打开【置换】对话框。在该对话框中，设置【水平比例】和【垂直比例】数值都为 5，然后单击【确定】按钮，如图 10-89 所示。

(6) 在打开的【选取一个置换图】对话框中，选中刚保存的 PSD 文档，然后单击【打开】按钮即可创建图像效果，如图 10-90 所示。

图 10-89　设置【置换】滤镜

图 10-90　应用【置换】滤镜

10.9 【锐化】滤镜组

【锐化】滤镜组中的滤镜主要通过增强图像相邻像素间的对比度，使图像轮廓分明、纹理清晰，从而减弱图像的模糊程度。

10.9.1 【USM 锐化】滤镜

【USM 锐化】滤镜可以查找图像中颜色差异明显的区域，然后将其锐化。这种锐化方式能够在锐化画面的同时，不增加过多的噪点。打开一个图像文件，选择【滤镜】|【锐化】|【USM 锐化】命令，在打开的【USM 锐化】对话框中设置图像的锐化程度，如图 10-91 所示。

图 10-91 应用【USM 锐化】滤镜

▽ 【数量】文本框：用于设置锐化效果的强度。该值越大，锐化效果越明显。
▽ 【半径】文本框：用于设置锐化的范围。
▽ 【阈值】文本框：只有相邻像素间的差值达到该值所设定的范围时才会被锐化。该数值越大，被锐化的像素就越少。

提示

【锐化边缘】滤镜同【USM 锐化】滤镜类似，但它没有参数设置对话框，且仅锐化图像的边缘轮廓，使不同颜色的分界更为明显，从而得到较清晰的图像效果，而且不会影响图像的细节。

10.9.2 【智能锐化】滤镜

【智能锐化】滤镜具有【USM 锐化】滤镜所没有的锐化控制功能。在该滤镜对话框中可以设置锐化算法，或控制在阴影和高光区域中进行的锐化量。在进行操作时，用户可将文档窗口缩放到 100%，以便精确地查看锐化效果。选择【滤镜】|【锐化】|【智能锐化】命令，打开如图 10-92 所示的【智能锐化】对话框。在该对话框中可分别调整阴影和高光区域的锐化强度。

▽ 【数量】文本框：用来设置锐化数量，较高的值可以增强边缘像素之间的对比度，使图像看起来更加锐利。
▽ 【半径】数值框：用来确定受锐化影响的边缘像素的数量。该值越大，受影响的边缘就越宽，锐化的效果也就越明显。

▽ 【减少杂色】数值框：
用来控制图像的杂色
量。该值越大，画面效
果越平滑，杂色越少。

▽ 【移去】下拉列表：在
该下拉列表中可以选择
锐化算法。选择【高斯
模糊】，可以使用【USM
锐化】滤镜的方法进行

图 10-92　【智能锐化】对话框

锐化；选择【镜头模糊】，可以检测图像中的边缘和细节，并对细节进行更精确
的锐化，减少锐化的光晕；选择【动感模糊】，可以通过设置【角度】来减少由
于相机或主体移动而导致的模糊。

▽ 【渐隐量】数值框：可以降低锐化效果。其类似于【编辑】菜单中的【渐隐】命令。

▽ 【色调宽度】数值框：用来设置阴影和高光中色调的修改范围。在【阴影】选项组
中，较小的值会限制只对较暗区域进行阴影校正调整；在【高光】选项组中，较
小的值只对较亮区域进行高光校正调整。

10.10　实例演练

本章的实例演练通过制作水彩画效果，使用户更好地掌握本章所介绍的滤镜的应用方
法和技巧。

【例 10-9】　制作水彩画效果。 📹视频

(1) 选择【文件】|【打开】命令，打开图像文件，按 Ctrl+J 快捷键复制【背景】图层，
如图 10-93 所示。

(2) 在【图层】面板中，右击【图层 1】图层，在弹出的快捷菜单中选择【转换为智能对象】
命令，将【图层 1】图层转换为智能对象，如图 10-94 所示。

图 10-93　打开图像并复制图层　　　　　　　　图 10-94　转换为智能对象

(3) 选择【滤镜】|【滤镜库】命令，打开【滤镜库】对话框。在对话框中，选中【艺术效果】
滤镜组中的【干画笔】滤镜，并设置【画笔大小】数值为 8，【画笔细节】数值为 10，【纹
理】数值为 1，然后单击【确定】按钮，如图 10-95 所示。

(4) 选择【滤镜】|【滤镜库】命令，打开【滤镜库】对话框。在对话框中，选中【艺术效果】滤镜组中的【干画笔】滤镜，并设置【画笔大小】数值为 6，然后单击【确定】按钮，如图 10-96 所示。

图 10-95　应用【干画笔】滤镜(一)　　　图 10-96　应用【干画笔】滤镜(二)

(5) 在【图层】面板中双击混合选项图标，打开【混合选项 (滤镜库)】对话框。在对话框的【模式】下拉列表中选择【滤色】选项，设置【不透明度】数值为 60%，然后单击【确定】按钮，如图 10-97 所示。

(6) 选择【滤镜】|【模糊】|【特殊模糊】命令，打开【特殊模糊】对话框。在对话框中，设置【半径】数值为 20，【阈值】数值为 40，在【品质】下拉列表中选择【高】选项，然后单击【确定】按钮，如图 10-98 所示。

图 10-97　设置混合选项　　　图 10-98　应用【特殊模糊】滤镜

(7) 在【图层】面板中双击混合选项图标，打开【混合选项 (特殊模糊)】对话框。在对话框中，设置【不透明度】数值为 40%，然后单击【确定】按钮，如图 10-99 所示。

(8) 选择【滤镜】|【滤镜库】命令，打开【滤镜库】对话框。在对话框中，选中【画笔描边】滤镜组中的【喷溅】滤镜，并设置【喷溅半径】数值为 4，【平滑度】数值为 6，然后单击【确定】按钮，如图 10-100 所示。

图 10-99　设置混合选项　　　图 10-100　应用【喷溅】滤镜

(9) 选择【滤镜】|【风格化】|【查找边缘】命令，效果如图 10-101 所示。

(10) 在【图层】面板中双击混合选项图标，打开【混合选项 (查找边缘)】对话框。在对话框的【模式】下拉列表中选择【正片叠底】选项，设置【不透明度】数值为 50%，然后单击【确定】按钮，如图 10-102 所示。

图 10-101　应用【查找边缘】滤镜　　　　图 10-102　设置混合选项

(11) 在【图层】面板中选中【背景】图层。选择【文件】|【置入嵌入对象】命令，打开【置入嵌入的对象】对话框。在该对话框中选中所需要的图像文件，然后单击【置入】按钮置入图像，如图 10-103 所示。

图 10-103　置入图像文件

(12) 选择【画笔】工具，在【画笔】面板中单击面板菜单按钮，在弹出的快捷菜单中选择【导入画笔】命令，打开【载入】对话框，选中所需的画笔样式，然后单击【导入】按钮，如图 10-104 所示。

图 10-104　导入画笔

(13) 在【图层】面板中选中【图层 1】图层，单击【添加图层蒙版】按钮添加图层蒙版。在【画笔】面板中选择载入的画笔样式，在【图层 1】图层蒙版中添加水彩画笔效果，如图 10-105 所示。

图 10-105　添加画笔效果蒙版

(14) 使用【横排文字】工具在图像中单击，在【字符】面板中设置字体系列为 Foustayn，字体大小数值为 24 点，然后输入文字内容，得到如图 10-106 所示的效果。

图 10-106　输入文字

10.11　习题

1. 为什么某些滤镜无法使用？
2. 打开图像文件，使用【Camera Raw 滤镜】命令调整图像效果，如图 10-107 所示。
3. 打开图像文件，制作如图 10-108 所示的图像效果。

图 10-107　图像效果(一)　　　　图 10-108　图像效果(二)